AF324964

LE CULTIVATEUR

OU

NOTIONS

D'AGRICULTURE & D'HORTICULTURE PRATIQUES

d'Arpentage et de Constructions rurales

D'HYGIÈNE ÉLÉMENTAIRE ET DU CODE RURAL

Ouvrage spécialement destiné aux enfants des campagnes, aux bibliothèques
et aux écoles rurales, aux gens de la petite culture.

Par At. PIGEOT,

MEMBRE DE LA SOCIÉTÉ D'AGRICULTURE DES ARDENNES.

SEDAN

IMPRIMERIE DE JULES LAROCHE,

RUE NAPOLÉON, 22.

—

1870.

A Monsieur P. Lamotte, Président du Comice agricole de Sedan, Chevalier de la Légion-d'Honneur.

Monsieur,

Permettez-moi de soumettre à votre appréciation, et, si vous daignez l'agréer, de placer en même temps sous votre bienveillant patronage cet ouvrage agricole, spécialement composé en vue de la petite culture.

En vous choisissant pour Juge, je ne fais que rendre un hommage bien mérité à votre longue expérience comme cultivateur. Pourrais-je avoir un plus digne appréciateur que celui qui, voué depuis si longtemps à l'agriculture, consacre à cet art si noble son intelligence, ses forces, toutes ses facultés, sa vie tout entière ?

En vous dédiant mon livre, je m'associe à tous les adversaires de la routine, à tous les cultivateurs éclairés de l'arrondissement, pour reconnaître les services que vous avez rendus et que vous continuez de rendre comme Président du Comice agricole de Sedan ; j'honore, selon mes faibles moyens, la récompense qui, sur la poitrine du soldat, s'appelle Croix des Braves, et, sur celle d'un homme tel que vous, Croix du dévouement, du travail, de la persévérance et du progrès.

Recevez, Monsieur, l'assurance de mes sentiments respectueux et dévoués.

At. PIGEOT.

Glaire, le 15 janvier 1870.

RAPPORT *à la Société d'Agriculture des Ardennes,*
par M. E. NIVOIT, *ingénieur des mines, sur le*
CULTIVATEUR, *ouvrage de M. Pigeot.*

J'ai lu avec beaucoup de plaisir l'ouvrage que
M. Pigeot a rédigé sur l'agriculture. Je crois qu'il
serait difficile de condenser en un aussi petit espace
des notions aussi nombreuses et aussi variées. Tous
les faits qui peuvent intéresser le cultivateur ont été
exposés avec beaucoup de lucidité, et souvent avec un
grand bonheur d'expression. Par des comparaisons
saisissantes tirées de la vie usuelle, par des citations
bien choisies de proverbes ou d'adages vulgaires,
l'auteur sait parler à l'imagination de ses lecteurs, et
il parvient ainsi à graver plus facilement dans les
jeunes mémoires les grands principes de la science
agricole.

Mais ce petit ouvrage ne s'adresse pas seulement
aux enfants de nos campagnes, auxquels il est urgent
d'inculquer au plus tôt de saines notions d'agriculture, afin que la génération qui se prépare ne suive
pas les errements de celles qui la précèdent. Nous
ne craignons pas de dire que les personnes instruites
elles-mêmes trouveront plaisir et profit dans la
lecture du travail de M. Pigeot, dont toutes les parties
coordonnées avec méthode, leur apprendront des
faits qu'elles ignorent, ou leur remettront en mé-
moire des notions qu'elles ont oubliées. Parmi les
chapitres que nous avons principalement remarqués,
par le soin avec lequel ils ont été traités, nous citerons ceux qui se rapportent à l'hygiène et aux assolements.

Je ne puis, je le répète, que féliciter bien sincère-
ment M. Pigeot sur la manière dont il a rempli cette
mission difficile d'écrire avec clarté et avec concision,
un ouvrage sur une science aussi vaste que celle de
l'agriculture.

E. NIVOIT.

10 février 1870.

PRÉFACE.

Je viens grossir la liste déjà nombreuse des livres agricoles en livrant à la publicité un ouvrage intitulé *Le Cultivateur*. Il est spécialement destiné aux enfants des écoles rurales, aux bibliothèques des campagnes, aux gens de la petite culture. Il se compose des leçons que j'ai données tant à mes élèves de la classe du jour qu'à ceux de la classe du soir, leçons que j'ai complétées, révisées et coordonnées de manière à en faire un cours suivi.

Le Cultivateur se divise en quatre parties :

1º Agriculture et horticulture pratiques ;
2º Notions d'arpentage et constructions rurales ;
3º Notions d'hygiène ;
4º Code rural pratique.

Ce sont les considérations suivantes, motivées par mes propres observations et par l'opinion d'hommes compétents, qui ont tracé le cadre de cet ouvrage et en ont réglé le programme ;

« Il ne suffit pas qu'un cultivateur sache travailler ses champs, soigner ses bestiaux, tirer parti de ses produits : il faut encore qu'il puisse s'occuper du jardin, cet auxiliaire inséparable et indispensable d'une maison de culture. Ou, s'il ne s'en occupe pas par lui-même, il faut que par ses conseils la ménagère soit à même de le faire.

» Il faut qu'il sache mesurer ses champs, tracer, diriger et surveiller la construction de ses bâtiments, remplacer une construction vicieuse par une autre bien entendue.

» Il faut qu'il connaisse les principales règles d'une hygiène simple et pratique, tant pour lui-même que

pour les animaux qui le secondent. Il faut qu'en cas
d'accidents comme il en arrive assez souvent dans
les campagnes, il puisse soulager le malade, et quelquefois même sauver la vie à des personnes qui seraient mortes en attendant l'arrivée du médecin.

« Il faut qu'il connaisse les principaux articles de
notre code rural, afin que, sachant ses droits et ses
devoirs, il puisse éviter les procès et vivre en bonne
harmonie avec les propriétaires ses voisins. »

Je m'adresse à des enfants et à des personnes peu
lettrées : j'ai fait mon possible pour parler un langage
qui soit à leur portée. Je ne fais pas du style fleuri,
je ne vise pas à l'élégance de la forme : je tâche pu-
rement et simplement de me faire comprendre.

Je veux propager les connaissances agricoles, je
veux surtout combattre la routine et par là même
améliorer la position des cultivateurs. C'est là mon
but ; si je l'atteins, mon ambition sera satisfaite.

A. PIGEOT.

1re Leçon. — QUELQUES CONSEILS.

Pour qu'une maison de culture prospère, il faut, tout aussi bien que pour une maison industrielle, de l'ordre et de l'économie. Mais en quoi consistent ces deux choses ?

Pour l'ordre, dans la pratique de ce proverbe : « *Une place pour chaque chose et chaque chose à sa place.* »

L'ordre consiste aussi à se rendre compte de toutes les opérations : des dépenses, des recettes, des cultures, de ce que rapporte chacune d'elles et des frais qu'elle nécessite.

Pour avoir de l'économie, il ne faut ni de dépenses ni de travaux inutiles; que l'on ménage ses animaux, ses instruments, son temps, tout aussi bien que sa bourse.

Sans ordre, l'économie est difficile, sinon impossible; sans économie, pas de prospérité; le cultivateur s'appauvrit de plus en plus; il est bientôt ruiné tout à fait.

Un des principaux auxiliaires de l'ordre et de l'économie, c'est la tenue des écritures, autrement dit, c'est la *comptabilité agricole*.

La comptabilité agricole consiste à inscrire, à mesure qu'elles se produisent, les différentes opérations d'une maison agricole, et surtout celles qui influent sur la fortune du cultivateur.

Avant de commencer une comptabilité agricole, on doit d'abord se rendre bien compte de tout ce qu'on possède ou dont on jouit, et de tout ce qu'on doit; on y parvient en faisant son *inventaire*.

Un inventaire, pour être bon, doit être dressé avec exactitude, avec clarté, avec simplicité, et sans omission.

Une comptabilité, pour être complète, doit s'occuper de tout ce qui arrive dans la maison , des petites choses comme des grandes ; car, de quelque peu d'importance qu'une affaire paraisse, elle apporte son contingent dans la masse, et, comme dit le proverbe : « *Faute d'un clou on perd son cheval.* »

Il faut donc tout noter, les affaires de travail et de main-d'œuvre aussi bien que celles d'argent, et non pas seulement celles-ci, comme on pourrait le croire. En effet, en améliorant ses travaux, le cultivateur augmente son bien-être, non pas d'une manière directe, mais elle n'en est pas moins réelle pour cela. Pour améliorer, il faut connaître et se rappeler ce qu'on a fait antérieurement : on ne connaîtra et surtout on ne se rappellera qu'en inscrivant. Par conséquent, la comptabilité agricole comprend tout aussi bien les travaux de main-d'œuvre, de rendement, etc., que les ventes, les achats, les dépenses.

Dans la tenue d'une comptabilité, il faut rédiger les articles avec simplicité, avec clarté, sans détail inutile.

Comme dans presque toutes les maisons de culture chaque personne de la famille a sa spécialité, ses soins et ses travaux particuliers, il conviendrait que chacune inscrivît les articles concernant sa spécialité. Ainsi, celle qui soigne les bestiaux noterait tout ce qui a rapport à cette partie : la nourriture, l'entretien, les produits, etc. Il en serait de même des autres spécialités. Le tout serait ensuite révisé et coordonné par une personne plus particulièrement chargée de la tenue des écritures.

Malgré la simplicité d'une comptabilité agricole et le peu de temps qu'elle demande, on est étonné du grand nombre de cultivateurs qui ne la tiennent pas, je ne dirai pas faute de savoir, mais plutôt de vouloir. Ils travaillent contre leurs intérêts et perdent beaucoup : ce sont des routiniers qui mourront tels. Les jeunes agriculteurs doivent suivre d'autres principes et surtout tenir une comptabilité. Un quart d'heure tous les jours, une heure ou deux tous les dimanches : ce temps sera suffisant pour le travail qu'elle nécessite. C'est un bien petit surcroît d'occupation pour tous les avantages que l'on en retire.

CHAPITRE PREMIER

LES AGENTS NATURELS.

Un cultivateur a beau être intelligent et rempli d'ordre, quand même ses terrains seraient dans les meilleures conditions possibles pour produire, cela lui serait bien inutile sans le concours de certaines choses qui ne dépendent ni de lui, ni de ses talents, ni de ses terres. On est tellement habitué à ces choses qu'on en jouit sans y penser ; on en ignore même souvent plusieurs particularités qui, dans les campagnes, pour les travaux des champs, seraient d'une utilité incontestable. Ce chapitre sera consacré à ces choses, que j'appellerai *agents naturels* et qui comprennent l'*air*, l'*eau*, la *chaleur* et la *lumière*.

2ᵉ Leçon. — DE L'AIR.

L'air est ce corps, invisible en faible masse, au milieu duquel nous vivons. Il forme autour de la terre une couche de 15 à 20 lieues d'épaisseur appelée *atmosphère*.

Si l'air est invisible pris en petite quantité, il n'en est plus de même lorsqu'on le considère sur une grande épaisseur. Le ciel, cette voûte d'un beau bleu qui apparaît au-dessus de nos têtes lorsque le temps est clair, c'est l'atmosphère vue dans toute sa hauteur, c'est la couleur de l'air dans sa pureté, qui fait que nous croyons être sous une immense calotte qui n'existe pas.

L'air, c'est donc quelque chose, tout aussi bien que du bois, que de la pierre. Nous ne le voyons pas autour de nous, et cependant il est là, qui nous pénètre et nous fait vivre. La nourriture ne nous suffit pas, il nous faut de l'air. Essayons de nous en passer seulement pendant quelques minutes, cela nous sera impossible. Fermons la bouche et le nez, les deux passages de l'air : immédiatement nous éprouvons un certain malaise qui deviendra bientôt insupportable si nous ne rendons pas à la circulation les deux issues de ce corps invisible.

Les vents nous font aussi constater et remarquer la présence et la force de l'air. Tout à coup les branches des arbres s'agitent, nos récoltes se balancent, nous éprouvons une certaine impression plus ou moins sensible : et cependant nous ne voyons rien. C'est encore l'air, mis en mouvement par certaines causes, qui produit ces effets.

Puisque l'air nous entoure et nous pénètre, il doit en être de même pour tout ce qui nous environne. C'est en effet ce qui existe : les vases, les capacités quelconques, quelles que soient leur forme, leur position, leur nature, sont pleins d'air quand ils ne contiennent rien d'autre. Cependant nous les voyons et nous les croyons vides : l'air les pénètre et les remplit. Quand nous y mettons quelque chose, nous remplaçons seulement une substance par une autre ; nous substituons à l'air un autre corps à notre convenance.

Cela se voit très-bien quand l'air se trouve emprisonné et n'a pas d'issue pour s'échapper. On a beau faire, il y aura toujours une place qui nous paraîtra vide : c'est celle occupée par l'air.

Prenons un vase assez grand, rempli d'eau. Plongeons dans ce vase un verre dont l'ouverture soit tournée vers le bas. Quelques efforts que nous fassions, quelques moyens que nous employions, tout en conservant l'orifice vers le bas bien entendu, nous ne parviendrons jamais à faire monter l'eau jusqu'au fond du verre. Elle l'entourera, elle ira même au-dessus ; mais, dans l'intérieur, il y aura toujours une place qu'il lui sera impossible d'occuper. C'est que le verre, déjà plein au moment de son immersion, ne peut contenir deux subtances à la fois. L'air emprisonné est pressé et refoulé sur le fond, mais il n'en est pas moins vrai qu'à un certain moment il lutte avec avantage et est pour l'eau une barrière infranchissable.

Inclinons maintenant un peu le verre, en le tenant

toujours dans l'eau. Lorsqu'il sera assez penché, nous verrons sortir du verre de grosses bulles qui soulèveront le liquide, et qui viendront crever et disparaître au-dessus. Ces bulles sont de l'air qui, chassé, monte dans l'eau parce qu'il est plus léger. À mesure qu'il s'en va, l'eau le remplace et emplit le verre.

Cherchons à présent un moyen de prouver le poids de l'air, si toutefois il en a un. Un verre plein d'eau et recouvert parfaitement d'une feuille de papier nous suffira pour cette expérience. Une fois que nous sommes certains qu'il n'y a pas la moindre place vide entre la feuille de papier, le verre et l'eau, nous appliquons la paume de la main sur la feuille pour la maintenir, et nous mettons le verre sens dessus dessous. Nous remarquons alors que rien ne bouge lorsque nous retirons la main ; le tout reste tel quel, quand même nous imprimerions au verre des mouvements de droite, de gauche, vers le haut, vers le bas.

Quelle est donc la cause de ce phénomène, qui vous étonne peut-être, et qui est cependant tout naturel ? Nous ne pouvons pas l'attribuer à la feuille de papier, qui est trop mince pour supporter un tel poids. Ce ne peut donc être que l'air du dehors, dont le poids est suffisant pour contrebalancer celui de l'eau contenue dans le verre.

L'expérience qui précède nous prouve que l'air est pesant, mais elle ne nous donne aucune idée de son poids. Il faut pour cela des instruments spéciaux que nous ne possédons pas : nous nous contenterons donc de prendre les résultats qu'ils donnent. Ils nous apprennent qu'un litre d'air pèse 1 gr. 3 ; la même quantité d'eau pèse 1 kil., c'est-à-dire 769 fois plus.

Ce poids peut paraître bien peu de chose ; mais si nous considérons l'énorme quantité de litres d'air qui composent l'atmosphère, nous aurons pour cette dernière un poids incroyable, immense, qu'aucun nombre ne saurait exprimer en kilogrammes.

Les considérations qui précèdent sont pour nous

de la plus grande importance : car c'est sur le poids de l'air que repose la construction de nos pompes, et celle d'un autre instrument utile à tout cultivateur ; nous voulons parler du *baromètre*.

Nous nous servons de cet instrument pour prévoir l'état du temps, quoique pourtant nous ne devions pas nous y fier d'une manière aveugle. Quand il monte et qu'il se maintient haut, c'est probable qu'il fera beau temps ; quand il descend et qu'il se maintient bas, c'est signe de pluie ; les changements brusques de hauteur sont moins certains que les autres.

Puisque nous sommes sur le baromètre et ses indications, laissons pour un moment l'air de côté, et passons en revue quelques autres manières de nous renseigner sur le temps qu'il fera : elles sont simples et tout à fait à notre portée, surtout dans les champs ; elles sont utiles en tout temps, mais principalement à quelques époques de l'année : aux semailles, à la fenaison et à la moisson.

Les changements de temps sont annoncés par différents animaux, par quelques plantes et aussi par certains petits phénomènes naturels.

Lorsque la pluie est pour tomber, le bœuf regarde en l'air : le porc témoigne de la joie, il est vif et alerte. Le pinson prend un accent particulier et désagréable. Le chant de la mésange ressemble au grincement d'une lime ou d'un verrou. L'oie et le canard importunent par leurs battements d'ailes et leurs cris continuels. Les martinets descendent de la région des nuages et volent en foule autour des clochers. Les corbeaux crient et se chamaillent entre eux.

C'est surtout l'hirondelle qui nous fournit des indications précieuses sur l'état de l'atmosphère. Lorsqu'elle vole en traçant un long et paisible parcours ; que, se penchant, elle semble toucher de son aile l'eau des rivières ou des ruisseaux, c'est le signe infaillible d'une pluie de longue durée. Si, rasant la terre, son parcours a de brusques interruptions accompagnées de cris incessants, c'est l'approche certaine de l'orage. Au contraire, lorsque son vol est élevé, qu'elle se tient à une hauteur telle qu'on ne

l'aperçoit presque plus de la terre, on peut être sûr
que le temps se maintiendra au beau.

Quand la pluie menace, l'abeille s'empresse de
rentrer à la ruche ; la poule regagne le poulailler ;
la fourmi devient paresseuse ; elle est agitée et témoigne de l'inquiétude ; les vers de terre sortent de
leurs trous, dans la crainte d'y être noyés. Les limaçons, en temps de pluie, portent de la terre sur leur
queue, tandis que c'est un brin d'herbe si le temps
est au beau.

Les araignées des champs, avec leurs toiles, nous
donnent aussi des renseignements assez exacts sur
l'état du temps. Si la pluie ou le vent menace, leurs
toiles sont courtes et solidement attachées à leurs
supports ; plus les filaments qui les soutiennent
sont longs, plus longtemps aurons-nous des jours
sereins. Si les araignées sont paresseuses, une pluie
générale est à craindre ; mais si leur activité reprend
pendant la pluie, cette dernière cessera bientôt et
sera suivie d'un temps beau et constant. Si elles travaillent à leurs toiles vers le soir, on peut s'attendre
à une nuit claire et agréable.

Les Fils de la Vierge ou de Notre-Dame, ces longs
filaments blancs qui se soutiennent dans les airs au
printemps et surtout à l'automne, annoncent un beau
temps soutenu.

Les poissons de rivière mêmes présagent les changements de temps : ils sautent hors de l'eau à l'approche de la pluie. Si un orage est à craindre ou
que l'air est très-humide, l'écrevisse, en été, se pro-
mène en plein midi ; la grenouille coasse. On a
même imaginé de faire avec la reinette, petite grenouille verte d'une jolie couleur tendre, un baromètre qui n'est pas sans mérite. Ce petit animal est
placé dans un bocal ou dans une bouteille en verre
contenant un peu d'eau, et dans lequel on met aussi
une branche ou une petite échelle en bois. On ferme
ensuite le vase avec du parchemin, et à défaut avec
une feuille de papier percée de petits trous pour le
passage de l'air. Par le beau temps, la reinette se
cache au fond de l'eau ; si l'air devient humide, elle

monte sur l'échelle, et d'autant plus haut que la pluie arrivera plus tôt et sera plus abondante ; on la voit même, en temps d'orage, sortir totalement de l'eau et se fixer aux parois du bocal.

Le trèfle semble avoir horreur de la tempête : il dresse ses feuilles lorsqu'elle est pour arriver.

Les vases de terre, les pavés des appartements, le sel de cuisine, annoncent la pluie s'ils sont humides. Le feu de nos foyers, lorsqu'il est pâle, pétillant, et qu'il s'allume difficilement ; lorsque la fumée revient dans la chambre au lieu de monter par la cheminée ; tout cela nous présage de la pluie. Si le feu est ardent, prompt à s'allumer, s'il donne une flamme claire et brillante, c'est signe de beau temps.

Parmi toutes les remarques que nous venons d'énumérer sur les changements du temps, le cultivateur en aura toujours sous sa main qu'il pourra consulter et qui le guideront pour ses travaux. C'est donc avantageux pour lui de les connaître.

Revenons à l'air. Nous avons reconnu la nécessité de ce corps pour la vie des animaux ; il est tout aussi nécessaire pour les végétaux, sans lequel ils mourraient bientôt. C'est l'air qui leur donne cette humidité si salutaire pour l'éclat et la fraîcheur de leurs fleurs et de leurs feuilles. De plus, il y a toujours, qui flottent dans l'air, des grains de poussière très-fine et de toute espèce de substances. Parmi ces grains, les uns sont bons aux plantes : ils entrent alors par les petits trous invisibles qui tapissent la surface des feuilles et de l'écorce de la tige, et apportent ainsi leur petite part dans la nourriture de la plante.

Le cultivateur doit veiller à ce que ses récoltes aient de l'air en suffisante quantité. Quand une plante formera une touffe trop serrée, il l'étalera, l'ouvrira de manière que l'air puisse arriver au milieu et partout comme à l'entour. Il ne fera ni ses semis ni ses plantations trop drus ; à mesure que les plantes grossiront, il les éclaircira, toujours pour que l'air profite à toutes. Dans les plantations d'arbres fruitiers, il veillera à ce que ces arbres ne se gênent point les uns les autres ; car, l'air étant arrêté et gêné dans sa circulation, les fruits n'acquéreraient ni toute leur grosseur ni toute leur saveur. Ils ne devront pas non plus être trop touffus: en retranchant quelques branches on ménage de la place à l'air, et les branches restantes profitent d'autant plus.

Ce corps peut cependant quelquefois produire des inconvénients : c'est lorsqu'il est trop agité par les vents. Alors il verse les blés, casse les branches des arbres, enlève les graines mûres. C'est pourquoi, à mérite égal, on doit choisir les races de plantes les plus vigoureuses, mettre à certaines des tuteurs ou soutiens, et récolter les graines à mesure qu'elles mûrissent.

3ᵉ Leçon. — DE L'EAU.

Nous avons reconnu la nécessité de l'air pour tout ce qui a vie ; nous allons maintenant nous occuper d'un autre corps non moins indispensable à l'existence de tous les êtres vivants : nous voulons parler de l'eau.

Selon le degré de chaleur, l'eau change d'aspect. Le plus généralement, elle est *liquide*, c'est-à-dire qu'elle n'a aucune forme par elle-même, qu'elle se moule d'après les vases qui la renferment. Elle ne tient pas ensemble comme le bois, la pierre ; on peut facilement introduire dans sa masse des corps étrangers.

Si la chaleur s'abaisse, si le thermomètre descend au-dessous du 0, l'eau gèle, comme on dit, c'est-à-dire qu'elle se change en glace, qu'elle devient *solide* comme le bois, la pierre. Elle conserve sa forme, on ne peut plus y introduire de corps étrangers.

Au contraire, si nous soumettons l'eau à la chaleur de nos foyers, elle bout, et se change bientôt en *vapeur*. Elle devient semblable à l'air, et invisible comme lui ; elle s'échappe et se répand dans l'atmosphère sous une autre forme.

L'eau peut donc se présenter à nous sous trois

états différents : sous l'état ordinaire ou liquide ; alors nous l'appelons *eau* ; sous l'état solide : pour nous c'est de la *glace* ou de la *neige* ; elle peut être à l'état de *vapeur*.

Eau à l'état liquide. — Si nous prenons un morceau de sucre ou de sel, et que nous le mettions dans un vase contenant de l'eau, au bout d'un temps assez court, nous ne verrons plus ni sucre ni sel, et cependant l'eau nous paraîtra telle qu'elle était auparavant. Mais si nous la goûtons, nous reconnaissons immédiatement qu'elle a une saveur sucrée ou salée : nous en concluons nécessairement que le sucre ou le sel s'est mélangé au liquide et lui a communiqué son goût.

Cette expérience toute simple nous donne une idée de ce qui se passe dans la terre. L'eau tombe des nuages, ou arrive par tout autre chemin ; elle pénètre dans le sol, rencontre le fumier pourri ou terreau. Celui-ci, comme le sucre et le sel, fond et se mélange au liquide. Ce dernier ainsi modifié va trouver les racines des plantes, qui pompent le tout, l'eau et le fumier, comme nous allons le prouver par une comparaison très-simple.

Prenons encore un morceau de sucre ou de pain ; mais, au lieu de le plonger tout à fait, mettons seulement un bout tremper dans l'eau ou dans tout autre liquide : nous voyons bientôt le morceau se mouiller petit à petit, et prendre la couleur et le goût du liquide.

La même chose se passe dans le sein de la terre avec les racines des plantes, qui jouent le rôle du morceau de sucre ou de pain. Elles s'humectent d'abord dans la partie qui est en contact avec l'eau chargée de fumier ou d'autres principes nourriciers, et, de proche en proche, toute la racine, la tige, les branches, les moindres parties de la plante sont remplies du liquide, qui porte alors le nom de *sève*.

Sans eau, les végétaux mourraient au sein de l'abondance ; le fumier ne les nourrirait pas. Aussi, dans les grandes sécheresses, ils languissent partout, dans les terrains bien fumés comme dans les autres. Nous comprenons maintenant l'utilité des arrosements, et l'efficacité très-prompte des engrais liquides.

Les plantes du jardin surtout souffrent de la sécheresse, à cause de leur délicatesse et du peu de développement de leurs racines. Ce sont donc elles qu'il faut principalement arroser; aussi, d'un bon jardinier, on dit qu'*il a toujours l'arrosoir à la main*.

Si la privation d'eau nuit aux plantes, l'excès leur est aussi contraire : témoin le peu de rapport des terrains marécageux, des endroits où l'eau séjourne. On améliore ces terres par le drainage, dont nous parlerons plus loin.

Eau à l'état solide. — L'eau, en gelant, se gonfle, de sorte que la glace occupe plus de place que l'eau dont elle provient. Il est facile de s'en convaincre.

Prenons un vase non poreux; emplissons-le d'eau complètement, et exposons-le à la gelée. Quand cette eau sera devenue glace, elle dépassera les bords du vase, et nous prouvera ainsi d'une manière indubitable ce que nous voulions reconnaître.

Si on contraignait la glace à occuper le même espace que l'eau, elle ferait, pour sortir de sa prison, des efforts extraordinaires, jusqu'à briser des pierres, des roches, des canons et des bombes. Rien ne lui résiste, tant sa force est grande.

Cela explique les effets de la gelée sur les plantes remplies de sève. Ce liquide nourricier, en grande partie composé d'eau, ainsi que nous l'avons vu précédemment, se prend en glace par l'effet du froid. Les canaux qui le contiennent deviennent alors trop petits : n'étant pas assez élastiques, ils se brisent, et la plante meurt. Ce n'est donc pas cette dernière qui gèle, mais l'eau qui est dans son intérieur. Le soleil hâte aussi la décomposition des végétaux qui ont subi l'action d'un froid trop intense.

Si tous les végétaux ne meurent pas en hiver, c'est qu'ils ne sont pas tous remplis de sève. Les canaux n'étant pas pleins, il y a de la place pour la glace et la plante ne souffre pas. Mais si la sève est en abondance, c'est alors que les mauvais effets de la gelée sont à craindre. Voilà pourquoi les froids tardifs du printemps font quelquefois tant de ravages. Sous l'action d'une douce température, les plantes se réveillent du sommeil de l'hiver, la sève revient et circule, la vie reprend, les fleurs et les feuilles se développent. Arrive une nuit froide : le soleil du lendemain sera impuissant pour ranimer ce qui, la veille encore, était si plein de vigueur. Il a suffi de quelques heures pour anéantir complétement les espérances du jardinier imprévoyant, qui, au lieu de couvrir ses plantes délicates ou ses arbres de petite dimension, a laissé le tout exposé aux effets désastreux de la gelée. Quant à nous, couvrons de paille, au printemps, la veille d'une nuit que nous avons tout lieu de croire froide, nos salades hâtives, nos pommes de terre précoces, nos abricotiers et nos pêchers en espalier, nos groseilliers en fleurs. Une mauvaise toile suffira même souvent pour les préserver.

C'est aussi pour éviter ces mauvais effets de la gelée sur les plantes que, au printemps, il convient d'arroser le matin et non le soir ; car, en arrosant le soir, le froid de la nuit pourrait tuer les plantes, tandis que dans la matinée, après le lever du soleil, cet inconvénient n'est plus à craindre.

Quelques plantes potagères, les choux, par exemple, ne périssent en hiver que par l'eau qui se met entre leurs feuilles. Cette eau venant à geler, la glace presse et fait tant qu'elle détruit la plante. Si nous pouvions empêcher l'eau de pénétrer ainsi, nous n'aurions plus à redouter la gelée pour les végétaux qui sont dans ce cas. Rien n'est plus facile : nous les arrachons en conservant un peu de terre à leurs racines, nous les plaçons la tête en bas dans des rigoles creusées au jardin à une position abritée et où l'eau ne séjourne pas ; nous pouvons les recouvrir de paille ou de feuilles pendant les grands froids, et nous les conserverons ainsi tout l'hiver.

L'eau peut devenir solide sans cependant être de la glace, par exemple, la neige et la grêle. Sous ces deux états, elle a encore sur les plantes une influence qui mérite d'être connue, et dont nous allons nous occuper.

La neige, ainsi que la grêle, est de l'eau gelée avant d'arriver sur la terre. La première est généralement favorable aux plantes de la grande culture ; elle leur sert comme de manteau, les préserve de la gelée, les fortifie et active leur végétation. C'est donc avec plaisir que le cultivateur verra ses champs couverts de neige. Le jardinier, lui, peut bien ne pas se trouver aussi satisfait quand son jardin a disparu sous la neige.

Si elle tombe à l'arrière-saison, au mois de novembre, par exemple, il peut encore y avoir quelques produits au jardin. La neige les recouvre, les remplit d'eau et peut les faire pourrir. De plus, la neige étant fondue, il leur faut quelques jours pour se ressuyer. Pendant ce temps, les gelées peuvent arriver et exercer leurs ravages avant que ces produits soient rentrés. Par conséquent, au commencement de l'hiver, la neige peut nuire au jardinier. Au cœur de cette saison, le jardin est à peu près vide : les mauvais effets de la neige sont donc pour lui à peu près nuls à cette époque. Il peut neiger en février, mars et même plus tard, après des jours chauds qui ont mis la sève en mouvement et permis au jardinier de faire quelques cultures précoces. C'est alors que la neige le contrarie : elle interrompt ses travaux et arrête la végétation. Il a donc tout intérêt à ce qu'elle disparaisse au plus tôt, et pour cela il s'y prendra de la manière suivante : Il jettera sur la neige les balayures de la maison, les cendres du poêle, la suie des cheminées, de la terre même, en un mot, tout ce qu'il trouvera de couleur foncée. Aux endroits où ces matières auront été étendues, la neige fondra bien plus vite qu'ailleurs.

Quant à la grêle, elle ne contente personne, ni jardinier ni cultivateur ; au contraire, on la voit toujours tomber d'un mauvais œil, et certes on a raison.

En effet, quelques minutes de grêle peuvent détruire les récoltes de la grande culture et celles du jardin. Et à cela il n'y a aucun remède, pour le cultivateur surtout. Pour le jardinier, il peut, à l'approche d'un nuage qu'il prévoit être chargé de grêle, étendre des toiles ou tout autre chose sur les plantes les plus délicates, qui seront ainsi préservées.

L'effet malfaisant de la grêle consiste en ce que cette dernière coupe, brise ou écrase les tiges ou les graines des végétaux.

Le cultivateur n'a qu'un recours : c'est d'assurer ses récoltes contre la grêle. En versant un don assez minime à la Compagnie départementale, elle indemnise en cas de pertes.

Eau à l'état de vapeur. — Sous cette forme, l'eau est répandue dans l'air et invisible comme lui, mais on peut s'assurer de sa présence d'une manière très-simple :

Dans les chaleurs de l'été, lorsqu'on remonte une bouteille de vin de la cave, on ne tarde pas à la voir se couvrir de gouttes d'eau. C'est que, étant plus froide que l'air de la chambre, la vapeur d'eau contenue dans ce dernier repasse à l'état liquide en touchant la bouteille. Pendant les gelées, il n'est pas rare de voir, le matin, les verres des croisées chargés intérieurement d'une mince couche de glace. D'où provient-elle ? De la vapeur d'eau contenue dans l'air de la chambre qui, venant toucher la surface refroidie des vitres, passe d'abord à l'état liquide et se convertit bientôt en glace.

Les deux remarques précédentes nous ont convaincus de la présence de l'eau dans l'air ; recherchons maintenant quelle est la source de cette eau.

Prenons un vase rempli d'eau exactement, laissons-le à découvert, au dehors, par un temps sec et pendant quelques jours : nous remarquons alors qu'il n'est plus aussi plein qu'au moment où nous l'avons déposé ; une certaine quantité d'eau a disparu, et cependant le vase est intact et non poreux. Il faut donc admettre que le liquide s'est échappé par le haut, qu'il s'est répandu dans l'air en s'y rendant invisible.

Ce fait nous explique la présence de la vapeur d'eau dans l'air. Les mers, les fleuves, les rivières, les ruisseaux, tous les amas d'eau qui parsèment la surface de la terre : voilà les réservoirs où l'air s'approvisionne d'eau et où il répare ses pertes à mesure qu'elles ont lieu.

Est-il utile, pour un cultivateur, de savoir que l'air est constamment chargé d'eau ? Oui, évidemment ; car, sous cet état de vapeur comme sous les deux autres que nous avons étudiés, l'eau joue un rôle important au point de vue de l'agriculture.

C'est cette humidité de l'air qui donne aux fleurs et aux feuilles cet éclat, cette vivacité qui est pour les plantes un signe de prospérité. C'est encore cette même vapeur d'eau qui, en se refroidissant, forme les nuages, sources de la pluie, que nous désirons quelquefois si ardemment pour nos récoltes, ou que nous maudissons d'aussi belle lorsqu'elle tombe dans un moment inopportun, qu'elle dure trop longtemps, ou qu'elle arrive en trop grande abondance.

Ainsi, selon les circonstances, la pluie est tour à tour bienfaisante ou nuisible. Bienfaisante, lorsqu'après nos semailles ou à l'époque des labours, elle tombe modérément ; lorsqu'après une longue sécheresse elle vient rafraîchir la terre ; lorsqu'après la fenaison, elle redonne de la séve à nos prairies. Nuisible, lorsqu'elle tombe en trop grande quantité, qu'elle verse nos céréales ou qu'elle noie nos récoltes en délavant et en durcissant nos terrains ; nuisible à la fenaison et à la moisson, où elle fait quelquefois subir au cultivateur des pertes importantes.

La vapeur d'eau de l'air est aussi cause de la rosée et des brouillards, qui, comme la pluie, favorisent ou contrarient la végétation, selon les circonstances. Pendant les grandes sécheresses de l'été ou de l'automne, ils rafraîchissent la terre et les plantes, tandis que pendant les nuits froides du printemps, ils se convertissent en givre et refroidissent les végétaux en contrariant leur développement.

En raison de cette influence sur la végétation de l'eau en vapeur, le cultivateur devra s'appliquer à reconnaître à l'avance les temps humides ou pluvieux : il y arrivera facilement en consultant les baromètres, naturels ou autres, que nous avons cités à l'article *air*. De plus, par l'observation, il aura bientôt remarqué les vents qui, dans sa localité, sont le plus souvent chargés d'humidité ou suivis de pluie. Ces diverses connaissances le guideront dans ses travaux, et le mettront à même de les faire dans les temps les plus favorables.

4ᵉ Leçon. — DE LA CHALEUR.

La chaleur, cet agent naturel que tout le monde connaît et que personne n'explique, est tout aussi nécessaire aux plantes que l'air et l'eau. Ses effets sur la végétation ne sont ignorés d'aucun cultivateur; tous savent qu'en hiver la nature est morte, et que, pour faire pousser les végétaux en cette saison, il faut avoir recours à des moyens artificiels de chaleur pour remplacer celle du soleil. Ces moyens artificiels sont les *serres* et les *couches*.

On appelle serre un bâtiment disposé de telle façon qu'on puisse y cultiver des plantes qui périraient à l'air libre, faute de chaleur. Les serres sont chauffées, et en général elles sont destinées aux plantes d'agrément; leur place n'est pas dans une maison de culture, mais plutôt chez un riche amateur; nous n'entrerons pas dans de plus amples détails sur ce sujet.

Une couche est un amas de fumier chaud, recouvert de terreau ou de bonne terre végétale sur laquelle on cultive, avant la reprise de la végétation, soit des légumes, soit des fleurs, soit des plantes à repiquer au printemps. La chaleur du fumier remplace dans la couche la chaleur du soleil, et par ce moyen, ou peut manger des petits pois, de la salade, des carottes de très-bonne heure; on peut cultiver des choux qui seront bons à transplanter lorsqu'on sémera seulement en pleine terre.

Pour faire une couche, on choisit la meilleure exposition du jardin ; on y creuse, à une profondeur de 30 à 40 centimètres, un trou rectangulaire de 1 mètre à 1 mètre 30 cent. de largeur, et d'une longueur proportionnée aux cultures destinées à la couche. On met dans ce trou du fumier de cheval tout nouveau si cela est possible ; on l'étend bien uniformément et on le tasse en le piétinant. Lorsque la fosse est ainsi remplie aux trois quarts, on l'achève avec du terreau ou de la bonne terre végétale. La couche est alors prête à recevoir les semis, qui, cependant, devront être retardés de quelques jours si le fumier de cheval employé est récent ; car, plus tôt, la chaleur produite serait trop forte, et brûlerait les graines. Pour préserver une couche de la gelée pendant les nuits froides, on la recouvre de fumier long ou de paille que l'on ôte lorsque le soleil commence à se faire sentir.

Pour augmenter et concentrer la chaleur de la couche, on l'entoure de fortes planches formant cadre, et on pose dessus un châssis vitré ; une vieille porte à vitres ou une croisée hors de service pourrait le remplacer à la rigueur. Ce châssis portera sur une face une espèce de crémaillère destinée à le maintenir soulevé à volonté, et à régler ainsi l'entrée de l'air dans la couche.

Une couche vitrée peut s'établir dans la dernière quinzaine de Janvier ; une couche sans vitres ne s'établira que quelques jours après.

La terre, refroidie par les glaces de l'hiver, se réchauffe difficilement au printemps ; la végétation peut reprendre sous l'action directe des rayons solaires ; mais la nuit, en l'absence de l'astre qui la stimulait, une température froide compromet souvent les heureux effets d'une bonne journée. Plus le temps sera clair, plus il y aura à craindre pour la nuit. Comme par un ciel serein la lune luit dans toute sa splendeur, on a longtemps attribué à cet astre les effets de la gelée sur les plantes au mois d'Avril. C'est la lune rousse qui les grille, disait-on, et on n'essayait aucun moyen pour les préserver. Aujourd'hui, la plupart des cultivateurs et des jardiniers sont revenus de cette erreur ; ils savent la véritable cause qui détruit les jeunes pousses et les fleurs des arbres précoces ; et, pour éviter ces fâcheux effets, pendant les nuits claires de la lune rousse, ils recouvrent autant que possible leurs plantes de paille ou d'une mauvaise toile.

Plus le printemps sera chaud, plus les plantes se développeront rapidement, et plus vigoureuses elles seront. Cette saison a une grande influence sur· les récoltes, et c'est avec raison que l'on dit : *le mois de Mai fait les blés.* S'il est sec et chaud, le blé tallera bien et les épis seront abondants; s'il est humide et froid, les pieds resteront pauvres et languissants, et la récolte sera compromise.

Puisque la chaleur joue un rôle si important dans l'acte de la végétation, on comprend facilement que plus une plante recevra directement les rayons solaires, plus elle sera favorisée, d'autant toutefois que la chaleur reçue ne dépassera pas certaines limites. Voilà pourquoi les productions du Midi sont plus précoces et plus vigoureuses, les fruits plus sucrés qu'au Nord. Voilà pourquoi aussi, lorsqu'on concentre la chaleur du soleil sur les plantes, on hâte leur développement et on donne plus de qualité à leurs produits. Voilà pourquoi les carrés de nos jardins exposés au Midi sont plus précoces que les autres. Voilà pourquoi les plantes cultivées à l'ombre, sous les arbres, sont inférieures à celles cultivées en plein soleil. Une surface inclinée vers cet astre reçoit les rayons plus directement, et est plus chaude, par conséquent, qu'une surface horizontale ou inclinée en sens contraire : nous pourrons donc encore augmenter le degré de chaleur de nos couches en établissant le dessus dans le sens indiqué plus haut.

Les murs exposés au soleil s'échauffent d'abord et renvoient ensuite la chaleur à une petite distance de leur surface. En conséquence, au lieu de les laisser nus, nous les tapisserons d'arbres ou d'arbustes fruitiers; nous aurons ainsi des fruits plus précoces et plus savoureux que sur nos arbres du verger.

Nous avons précédemment constaté les funestes effets d'une basse température au printemps, lorsque les plantes commencent à se développer; nous avons aussi reconnu le repos de la nature en hiver, par suite de l'absence de chaleur: nous en concluons que le froid est tout à fait contraire à la végétation. Mais, lorsqu'il se produit en saison opportune, il rend cependant quelques services au cultivateur : il purge la terre des mauvaises herbes et des insectes nuisibles ; il fortifie les céréales en leur donnant un manteau de neige; il ameublit les terrains, surtout lorsqu'on a eu la prévoyance de les labourer avant l'hiver.

L'excès, comme le défaut de chaleur, tue les plantes et arrête la végétation. Personne n'ignore les funestes effets des trop fortes ou des trop longues chaleurs de l'été, pendant lesquelles les végétaux baissent tristement leurs feuilles vers la terre, comme pour la supplier de leur rendre l'humidité et la fraîcheur qui leur sont si nécessaires. C'est alors que la pluie est bienfaisante, que les arrosages sont excellents, lorsqu'ils sont faits le soir ou le matin, après ou avant la chaleur; car, vers le milieu du jour, l'eau se réduirait en vapeur et ne profiterait pas aux plantes.

5ᵉ Leçon.— DE LA LUMIÈRE.

L'homme, par des moyens artificiels, peut forcer la nature à végéter en l'absence même de la chaleur du soleil; mais il est un autre agent venant du même astre, tout aussi nécessaire aux plantes dans l'acte de la végétation, et qui ne peut se remplacer: je veux parler de la lumière.

Nous connaissons tous l'influence de la lumière sur les végétaux . Qui n'a pas remarqué, au printemps, et surtout en Mai et Juin, les pousses émises par les pommes de terre déposées à la cave ? N'est-on pas de prime abord frappé de la différence de ces pousses d'avec celles des mêmes tubercules placés en terre ? Tandis que les premières sont flasques, sans consistance ni couleur, les autres sont pleines de vigueur, de couleur et de vie. Cette différence provient de ce que la lumière a agi sur les unes et pas sur les autres.

A chaque plante qui végète, il y a la partie enterrée qu'on appelle racine, et la partie hors de terre appelée tige : cette dernière subit l'action de la lumière, tandis que l'autre ne la subit pas : la tige se couvre de feuilles, de fleurs et de fruits ; la racine est dépourvue de tous ces ornements. C'est pourtant la même sève qui circule dans l'une et l'autre et qui les nourrit ; la différence est produite par l'action de la lumière.

Les deux exemples que nous venons de citer suffisent pour prouver le concours de la lumière dans l'acte de la végétation, et pour apprendre quel rôle elle y joue. C'est sous son influence que les feuilles, les fleurs et les fruits se développent, que la tige se durcit, que toutes les parties ci-dessus se colorent et subissent les transformations nécessaires pour arriver à maturité.

De cette action de la lumière sur les plantes, il résulte que dans certaines circonstances nous devrons la favoriser, et dans certaines autres la tempérer ou l'arrêter.

Voudrons-nous des récoltes vigoureuses : nous ferons en sorte que les plantes soient espacées, que leurs touffes ne soient pas trop fournies, afin de leur faciliter l'accès de la lumière. Voudrons-nous des fruits savoureux : nous planterons nos arbres de façon que l'un ne masque pas l'autre, nous en élaguerons l'intérieur afin qu'il soit accessible à la lumière. Voudrons-nous, au contraire, des plantes à tissu tendre : nous ferons nos plantations ou nos semis serrés ; nous agirons ainsi pour nos fourrages et pour les plantes textiles.

Il est encore quelques autres produits qui ne sont bons qu'autant qu'ils soient tendres : la lumière leur sera donc plutôt nuisible qu'utile. De ce nombre sont les différentes espèces de salades. Pour les soustraire à l'action de la lumière, on lie, on resserre ou on cache leurs feuilles lorsqu'elles ont acquis à peu près tout leur développement; on peut les cacher soit avec du sable fin, soit avec de la terre, de la paille ou des feuilles. On pourra aussi cultiver ces plantes à la cave ou en tout autre lieu obscur sans nuire à la qualité des produits.

Les choux bien tournés ou pommés sont aussi plus recherchés que les autres, par la raison qu'y ayant un plus grand nombre de feuilles soustraites à l'action de la lumière, elles sont par cela même plus tendres.

Lorsque nous cultivons des plantes pour leurs racines, nous devons faire en sorte que ces dernières soient bien enterrées, car la lumière les ferait verdir et leur ôterait leur qualité. Voilà pourquoi le buttage produit de bons effets sur ces plantes; voilà aussi pourquoi il convient de les rentrer peu de temps après l'arrachage, et de les déposer dans un lieu obscur, où elles se conservent très-bien.

Dans quelques maisons de culture, on orne le jardin avec des plantes d'agrément sensibles au froid pour la plupart. Il faut donc les rentrer en hiver, mais non les déposer dans un lieu obscur; car, ayant besoin de lumière, elles supporteront bien mieux la mauvaise saison sous son influence qu'en son absence.

Le verre, se laissant traverser par la lumière et opposant une barrière au froid, doit être d'un usage assez fréquent dans le jardinage, lorsqu'on veut favoriser la végétation des plantes sous une basse température. Cette propriété du verre nous explique l'emploi des châssis vitrés pour les couches, des vitrages pour les serres, et des cloches de verre pour quelques plantes. Le papier huilé jouit aussi, mais à un degré moindre, de cette propriété; c'est pourquoi il remplace économiquement, mais non aussi efficacement le verre dans les circonstances où ce dernier est employé.

CHAPITRE II.

DES TERRAINS.

6ᵉ Leçon. — Espèces de Terrains et Amendements.

La mince couche de terre qui est entamée par les instruments aratoires s'appelle *terre arable* ou **sol**. La partie qui vient immédiatement au-dessous porte le nom de *sous-sol*.

Les sols sont *argileux*, ou *sableux*, ou *calcaires*, selon que l'argile, le sable ou la chaux entrent en plus ou moins grande quantité dans leur composition.

Une terre argileuse est grasse au toucher lorsqu'elle est humide ; pressée, elle forme une pâte liante. En séchant, elle se resserre, durcit et se fendille. L'eau la pénètre difficilement, ainsi que les racines des plantes ; elle est rebelle aux instruments. La terre argileuse s'appelle vulgairement *terre forte*.

La terre sablonneuse est légère, ne tient pas ensemble, et se réduit très-facilement en poudre. L'eau s'y introduit sans aucune difficulté, et s'en échappe de même. Elle se laisse très-bien travailler, et convient aux plantes à racines longues et profondes. Son nom vulgaire est *terre légère*.

La terre calcaire a peu de couleur ; elle est rude et sèche aux mains ; elle boit l'eau à mesure qu'elle la reçoit, et est douce à cultiver. On l'appelle *terre brûlante*.

On trouve ces trois substances, argile, sable et chaux, dans presque tous les sols arables ; elles sont mélangées et unies à une quatrième qui a reçu le nom d'*humus* ou *terreau* ; c'est cette dernière qui donne à la terre sa couleur plus ou moins noire. L'humus est formé par la pourriture des substances végétales et animales ; selon que la terre en contient plus ou moins, elle est plus ou moins fertile.

Les sols arables, variables dans leur composition,

sont aussi variables dans leurs produits : il importe donc de savoir quelles sont les proportions convenables des matières constituantes pour avoir un terrain placé dans de bonnes conditions. Ces proportions sont à près les suivantes :

Sable, 40 à 45 centièmes ;
Argile, même proportion ;
Chaux, de 6 à 8 centièmes ;
Humus, de 3 à 5 centièmes.

Un terrain ainsi composé s'appelle *terre franche*; et, selon qu'un sol approchera plus ou moins de cette composition, il sera plus ou moins bon. Mais les substances ci-dessus sont tellement mélangées qu'il est impossible de prime abord de les distinguer ; l'humus en les colorant ajoute encore la confusion. Comment faire alors pour connaître la composition d'un champ ? On s'y prend de la manière suivante :

On ramasse en différents points du terrain quelques poignées de terre que l'on mélange bien et que l'on tamise, afin d'en séparer les pierres. On pèse une certaine quantité de terre tamisée, 50 grammes, par exemple, que l'on soumet à l'action du feu en la déposant sur une pelle ou sur une plaque de fer que l'on fait rougir. Le terreau brûle et disparaît. Pesant de nouveau, on trouve un poids moindre : la différence est le poids du terreau brûlé.

On recueille ce qui a résisté au feu, et on le met dans un vase contenant du fort vinaigre. Ce liquide dissout le calcaire ou chaux, et l'argile avec le sable restent au fond du vase. Ce reste, séparé du vinaigre et bien séché, nous apprendra, par la diminution du poids comparé à la pesée précédente, la proportion de chaux que contient notre terrain.

Il nous reste à déterminer le poids de l'argile et du sable. Pour cela, nous mettons la dernière pesée dans un verre d'eau claire, nous remuons et nous débattons bien, sans y rien ajouter. L'eau se trouble par l'agitation ; les matières terreuses se répandent dans sa masse. Nous transvasons doucement et avec précaution : le sable à peu près pur restera au fond du premier vase, et l'argile avec l'eau passera dans le second. Faisant sécher séparément et pesant de même, nous connaîtrons approximativement la composition de notre sol.

Après cette opération toute simple, nous saurons si la terre est dans de bonnes conditions pour produire, ou si elle laisse à désirer, en comparant les poids trouvés avec ceux des mêmes matières dans une terre franche. Dans le cas d'une composition vicieuse, nous la modifierons par les *amendements*.

Amender un terrain, c'est lui donner les matières qui lui manquent, c'est ramener à de justes proportions celles qu'il peut avoir en excès. J'ai une terre dans laquelle j'ai reconnu la présence de 60 centièmes d'argile, tandis qu'il en faudrait 45 à peu près : cette terre est trop argileuse par conséquent ; elle ne se trouve pas dans de bonnes conditions pour produire : je devrai l'amender. Voici une autre de mes terres qui ne renferme que 20 centièmes de sable quand il en faudrait 40 : sa composition est encore vicieuse, je devrai la corriger, je devrai l'amender.

Un terrain fort s'amende avec du sable ou avec une substance sablonneuse ; un terrain léger, avec de l'argile ou de la terre argileuse ; une terre calcaire, par l'addition de sable et d'argile. Quant à l'humus, c'est par les engrais, dont nous parlerons plus loin, que l'on en approvisionne les terrains.

La composition des sols arables est excessivement variable : il est donc à peu près impossible de donner aucune règle fixe dans l'emploi, la nature et la quantité des amendements ; c'est au cultivateur à étudier son terrain, à reconnaître ce qui lui manque ou ce qu'il a en excès, et à le corriger là où il pèche.

Nous allons cependant passer en revue les principaux amendements; nous apprendrons à les employer, et nous étudierons les effets qu'ils produisent.

Un des amendements les plus connus est la *chaux*. On emploie cette substance pour un terrain qui en est dépourvu, ou qui n'en n'a pas en suffisante quantité. Elle a la propriété de faire avancer la pourriture de tous les débris végétaux et animaux enfouis dans le sol ou mélangés à ce dernier ; elle favorise par conséquent la production de l'humus. Elle attire l'humidité, la retient, la fixe au sol, et contribue ainsi à la végétation des plantes. Mais, pour produire ces bons effets, il faut labourer le sol immédiatement après, ou tout au moins couvrir, en attendant, la chaux mise en tas avec de la terre ou des gazons ; autrement elle s'altérerait à l'air, et perdrait toutes ses bonnes propriétés. Pour incorporer la chaux au sol, on la répand en couche uniforme sur le terrain, et on laboure.

Ce que nous venons de dire de la chaux s'applique à la marne, substance composée de chaux et d'argile ; elle est d'autant meilleure que la première matière y entre en plus grande quantité.

Le *plâtre* est aussi un amendement très-usité. Il produit surtout des effets remarquables quand il est employé sur le trèfle, la luzerne, les pois, les fèves, les haricots, les fourrages artificiels. Au lieu de le mélanger au sol, on le répand en poussière et par un temps humide sur les plantes citées plus haut lorsque les feuilles commencent à pousser.

Les cendres de bois et de houille, qui renferment de la chaux, produisent aussi un très-bon effet sur certains terrains. Seulement, avant d'employer les cendres de houille, on doit les passer à la claie afin de séparer les scories.

On emploie aussi pour amendement, surtout sur les prairies artificielles, une espèce de terre argileuse brûlée que l'on trouve dans quelques localités de nos Ardennes. Cet amendement serait même préférable au plâtre, mais il demande plus de main-d'œuvre.

Dans quelques circonstances on trouve dans le sous-sol l'amendement qui convient aux terrains. Quelquefois une terre trop forte repose sur un sous-sol sablonneux, ou un terrain sablonneux a pour sous-sol une terre en grande partie argileuse. Dans ces cas, le sol peut être amendé à peu de frais : il suffit de labourer profondément, de manière qu'une partie du sous-sol se mélange avec la terre arable ; et, après deux ou trois labours profonds, le terrain se trouvera dans de bonnes conditions.

7ᵉ Leçon. — Amélioration des terrains.

Quelquefois un sol, quoique bien constitué, ne donne que des récoltes insuffisantes avec de bonnes fumures et des labours convenables. Lorsqu'il en est ainsi, le cultivateur doit s'appliquer à reconnaître la cause de ce rendement minime, et chercher à la faire disparaître.

Souvent le terrain est trop humide, et le sous-sol argileux et compacte ne permet pas à l'eau de s'écouler, de sorte que les racines des plantes sont constamment noyées : elles pourrissent plutôt que de prospérer. Il y a là un élément dont la présence contrarie la végétation et qu'il faut expulser : on a alors recours au *drainage*.

Le drainage est une opération par laquelle on enlève à un sol l'eau qu'il retient ou qu'il a en excès.

Il y a plusieurs manières de drainer, ou, comme on dit, plusieurs systèmes de drainage. Les uns sont simples et ne demandent presque aucun frais; les autres sont plus compliqués et exigent des avances souvent considérables.

Beaucoup de cultivateurs font du drainage sans s'en douter. Ainsi, après les semailles d'automne, dans les terrains plats, ils font à la charrue plusieurs raies dans leurs champs ensemencés, les unes dans un sens, les autres en sens contraire. Pourquoi ces raies ? Pour servir à l'écoulement des eaux pendant la mauvaise saison, pour assainir le terrain, pour drainer enfin.

Une route traverse ou longe nos propriétés, un ruisseau les limite : chaque année la loi nous oblige à curer les fossés de la route, à nettoyer le ruisseau qui touche à notre bien. En obéissant à la loi, nous faisons encore du drainage ; nous travaillons pour l'écoulement des eaux, afin qu'elles ne se répandent ni sur les chemins, pour les intercepter ou les détériorer, ni sur les propriétés voisines, pour nuire aux plantes qui y sont cultivées.

Ce mode de drainage est tout à fait temporaire et ne profite qu'à une seule récolte; tous les ans les travaux sont à recommencer. Dans quelques circonstances il n'est pas suffisant ni même praticable. On établit alors un drainage plus compliqué, plus durable, devant profiter à plusieurs récoltes subséquentes.

Lorsque nous avons des terrains marécageux, remplis de sources, nous récoltons sur ces terrains quelques plantes fourragères de mauvaise qualité. Le drainage nous convertira ces sols incultes en excellentes terres cultivables, pourvu que nous le pratiquions convenablement.

Si nous ne désirons qu'une simple amélioration du sol, sans vouloir le livrer à la culture, de simples rigoles creusées suivant la pente s'il y en a une ou, en terrain plat, de plus en plus profondes, mais d'une manière insensible à mesure qu'elles s'éloigneront du point de départ, de simples rigoles, dis-je, augmenteront et bonifieront nos récoltes en assainissant notre propriété.

Ce drainage à découvert est bon, mais il ne vaut pas celui à rigoles recouvertes ou à tuyaux, qui constitue le drainage proprement dit.

Dans le cas de rigoles recouvertes, on s'y prend de la manière suivante : Les rigoles une fois creusées, on met au fond soit des branchages, soit de petites pierres, et on achève de remplir avec la terre ôtée. L'eau s'écoule entre les branchages ou les pierres jusqu'à ce que les intervalles soient bouchés, ce qui arrive quelquefois au bout de peu de temps, et le travail est à recommencer. Il vaudrait beaucoup mieux, la rigole étant creusée, maçonner grossièrement dans son intérieur un petit conduit pavé recouvert de pierres, et large en proportion de la quantité d'eau qui doit y passer. Au-dessus des couvertures du conduit, on met la terre enlevée pour creuser la rigole. Cette dernière manière de drainer est bien plus convenable que la première: le conduit se bouche bien moins vite et l'eau s'écoule mieux.

Le drainage le plus parfait, mais aussi le plus

coûteux, consiste à employer des tuyaux en terre cuite, appelés *drains*, longs de 30 à 40 centimètres, placés bout à bout, de manière à former un conduit continu. Ce mode de drainage s'effectue de la manière suivante : On creuse les rigoles plus étroites au fond qu'en haut ; la profondeur nécessaire est variable et dépend du niveau des eaux à faire disparaître. Dans tous les cas, elle sera toujours telle que, dans un terrain de culture, la charrue puisse fonctionner sans endommager ou déranger les drains. Une fois déposés au fond des rigoles, les tuyaux sont recouverts d'abord avec de petites pierres, puis avec la terre la moins fine, et enfin avec la terre telle qu'on l'a tirée : de cette manière l'eau gagnera facilement les drains.

Le mode de disposition des tuyaux n'est pas indifférent ; généralement, ils sont placés en rangées qui vont chercher l'eau dans toute l'étendue du champ, et viennent se réunir à une rangée principale se déversant au dehors et portant le nom de *drain collecteur*.

Le drainage améliore le sol non-seulement en enlevant l'eau en excès, mais encore en le réchauffant, en rendant la terre bien moins compacte, en facilitant et en abrégeant les labours. On a calculé qu'une terre drainée, comparée à une autre de même qualité qui ne l'est pas, rapporte de 50 à 60 pour cent de plus.

Lorsqu'on veut livrer à la culture un terrain argileux depuis longtemps inculte, on améliore ce terrain par l'*écobuage*. Cette opération consiste à enlever la surface du sol en plaques de 5 à 8 cent. d'épaisseur, 20 à 30 de longueur, 15 à 20 de largeur. On met sécher ces plaques au soleil, et, une fois séchées, on les réunit en tas pour les brûler. On remplit l'intérieur de ces tas avec de menues branches auxquelles on met le feu, qui se communique aux plaques et les réduit en cendres. Pour que la combustion marche mieux, on a eu soin, en faisant les tas, de laisser une petite ouverture du côté du vent, et de mettre le dessus des plaques en dedans. Une fois les cendres refroidies, on les répand uniformément sur toute la surface du terrain, et on les incorpore ensuite à la terre par un léger labour suivi d'un hersage.

L'écobuage améliore la terre en ce sens que les mauvaises herbes et leurs graines se trouvent brûlées, ainsi que les insectes nuisibles. La cendre obtenue, mêlée au sol, joue le rôle d'amendement.

L'écobuage est bien connu dans les pays où l'on pratique l'*essartage*; c'est même le moyen le plus généralement employé pour tirer parti des terrains laissés libres dans les forêts aussitôt après l'exploitation du bois.

Un ruisseau ou un cours d'eau non navigable peut se trouver à proximité de nos prairies, et permettre, sans beaucoup de frais, de faire arriver l'eau sur la surface à des époques déterminées; c'est ce qu'on appelle *irriguer*. Sur des terrains secs, l'irrigation produit d'excellents résultats; elle peut doubler le rendement. Aussitôt les froids disparus, au mois de mars ou d'avril, en laissant pendant quelques jours les eaux couler en nappes minces sur les prés, on s'assure pour le mois de juin une récolte abondante de foin. En remettant l'eau aussitôt la fenaison, on se prépare encore pour le mois de septembre une seconde coupe qui produira un regain abondant et de bonne qualité.

Un bois, un terrain inculte que l'on veut livrer à la culture, doit subir préalablement l'opération du *défrichement*, qui consiste à préparer le sol et à le rendre apte à produire. Par le défrichement, on enlève à un terrain tout ce qui pourrait entraver la végétation, par exemple les souches, les racines, les pierres; on ramène à la surface, et l'on soumet à l'action de l'air et des autres agents naturels, une terre qui en était privée depuis longtemps; enfin on ameublit le sol.

Lorsqu'on défriche, on doit toujours aller à une profondeur suffisante, telle que les racines des plantes ne soient pas gênées dans leur développement.

CHAPITRE III.

DES ENGRAIS.

8e Leçon. — Engrais produits dans la Maison de Culture.

La meilleure terre possible, si on ne l'engraissait pas, finirait bientôt par devenir mauvaise ; c'est ce qui a fait dire à un cultivateur distingué : « *Il serait aussi possible d'entretenir des troupeaux sans leur donner à manger, que de cultiver des terres sans les engraisser.*

On nomme *engrais* les débris animaux et végétaux qui, enfouis dans la terre pour y pourrir, lui fournissent l'humus dont elle a besoin.

L'engrais le plus commun est le *fumier ;* il est fait avec les excréments des animaux mélangés à des subtances végétales qui prennent le nom de *litière*. Ces substances végétales, déposées sous les animaux, s'imprègnent de leur urine et de leurs excréments ; on les enlève alors et on les met en tas dans un lieu préparé à dessein, appelé *cour à fumier*. Cette dernière doit réunir les conditions suivantes : Le fond, de quelques centimètres plus bas que le sol environnant, sera pavé en béton ou fait avec de la bonne terre glaise bien battue ; il sera un peu incliné vers le bas, et entouré d'une espèce de petite rigole aboutissant à un trou assez profond appelé *fosse à purin*, où viendront se réunir toutes les eaux s'écoulant du fumier ; c'est là qu'elles seront recueillies, car elles sont elles-mêmes chargées d'engrais. Chaque fois que cette fosse sera pleine, on en videra le contenu sur le fumier, pour maintenir celui-ci dans une constante humidité; ou, mieux encore, on l'emploiera directement sur les terrains et en particulier sur les prairies, où il produit d'excellents effets.

Si l'on pouvait employer le fumier immédiatement

après sa sortie des étables et des écuries, il produirait beaucoup plus d'effet ; mais cela n'est pas toujours possible ; alors on le dépose, pendant un temps plus ou moins long, sur la cour à fumier, où il doit être rangé de la manière suivante : On en met la même épaisseur partout ; on le piétine, on l'amasse de façon qu'il n'y ait pas de place vide dans le tas. Quand ce dernier a déjà une certaine hauteur, et qu'on suppose devoir être encore longtemps avant de l'employer, on peut mettre un peu plus de fumier au milieu, afin de lui donner la forme d'un toit: on facilitera ainsi l'écoulement des eaux, et par là même on bonifiera son engrais. Un tas de fumier élevé se conserve mieux qu'un autre étendu et de faible épaisseur ; on devra donc, d'après cela, faire en sorte que la cour à fumier soit convenablement disposée pour la conservation des engrais.

Pour litière, on emploie généralement la paille des céréales ; mais où elle manque, on peut la remplacer par des feuilles mortes, des genêts dont on a enlevé les plus gros brins, des ajoncs, des herbes marécageuses, des fourrages avariés, des fougères, des bruyères. Le fumier obtenu avec cette litière ne vaut peut-être pas celui fait avec la paille des céréales ; mais néanmoins il est bon et loin d'être à dédaigner.

Selon l'état dans lequel ils se présentent à nous, on divise les fumiers en *fumiers courts* et en *fumiers longs*. Les premiers ont séjourné longtemps sur la cour à fumier ; la litière et les excréments qui les forment sont pourris ; c'est de l'humus en voie de formation ; c'est une nourriture qui sera plus facilement et plus rapidement digérée par les plantes que les fumiers longs. Ceux-ci sont plus récents, et dans un état de pourriture bien moins avancé ; on distingue parfaitement les matières qui le composent ; il leur faudra beaucoup plus de temps pour devenir une nourriture assimilable par les plantes.

Non-seulement les fumiers se distinguent par leurs apparences, mais aussi par leur action sur les végétaux. Les courts, étant un aliment tout préparé, nourrissent la plante immédiatement : ils conviennent donc aux terrains prêts à être ensemencés. Quant aux fumiers longs, il est bon de les enterrer quelque temps avant l'ensemencement : en attendant cette époque, ils pourront alors acquérir un état de pourriture plus complet, qui les mettra à même de produire de bons effets à ce moment.

Puisque les engrais sont si nécessaires, tout cultivateur intelligent s'appliquera donc à en faire le plus possible. Pour cela, les matériaux ne manquent pas : il suffit de les recueillir et de les employer. En effet, que de choses laisse-t-on perdre, qui produiraient un excellent engrais! Les excréments de l'homme, la fiente de volaille, la boue et la poussière des rues, les balayures, les eaux grasses qui ont servi au nettoyage du linge et de la vaisselle, les cendres de lessive, la suie des cheminées : voilà de quoi faire de l'engrais presque sans frais et sans soins.

Excréments humains. — Il n'est pas rare de voir, à proximité des villages, des excréments humains dans les coins, le long des murs, des haies et même des chemins; on les laisse là empoisonner l'air jusqu'à ce qu'ils soient réduits en poussière et en terre. Non-seulement les excréments, déposés en ces lieux, sont un indice de malpropreté, de sans-gêne révoltant, mais c'est aussi une perte pour la culture. Les personnes passibles du fait ne remarquent pas que les plantes poussant à l'endroit où ces excréments pourrissent sont d'une vigueur tout à fait exceptionnelle; elles ne réfléchissent pas que, mélangées à leurs terrains, ces matières donneraient aux récoltes la même vigueur qu'elles communiquent aux mauvaises herbes. Pour ces personnes, c'est un produit d'une odeur désagréable dont il faut se débarrasser. Ne soyons pas aussi dédaigneux, mais plus propres et plus habiles. Prenons-nous y alors de la manière suivante :

S'il y a des fosses d'aisances, jetons dedans du poussier de charbon, de la sciure de bois, de la terre cuite; brûlons les mauvaises herbes du champ et du jardin, les fanes des pommes de terre, ce qui provient de l'élagage et du tondage des haies; jetons les cendres dans la fosse : la mauvaise odeur disparaîtra, et il restera un excellent engrais que nous pourrons employer sans répugnance. Si une petite dépense ne nous effraye pas, allons chez le pharmacien de la ville, achetons-y quelques kilogrammes de couperose verte. A notre retour, faisons fondre dans de l'eau 2 ou 3 kilos de cette substance (c'est la dose nécessaire pour désinfecter 100 litres de matières fécales); mettons ensuite dans cette eau quatre ou cinq poignées de chaux, autant de charbon de bois pilé, deux ou trois pelletées de suie. Versons le tout dans la fosse et remuons avec un bâton : la mauvaise odeur disparaîtra immédiatement.

S'il n'y a pas de fosses d'aisances, on en improvise une comme au village, avec des branchages ou des planches, et un trou assez profond. On traite ensuite les matières fécales comme nous l'avons dit plus haut.

On pourrait aussi très-bien recueillir l'urine de toutes les personnes de la maison, et cela sans beaucoup de frais. En disposant dans un coin de la cour ou du jardin caché aux regards une vieille cuvette ou tout autre vase, et en le faisant servir d'urinoir, on ne perdrait pas, comme cela a lieu généralement, un engrais qui est reconnu pour être des meilleurs. On l'emploierait alors à arroser les prairies, le jardin, le fumier ou les composts, dont nous parlerons bientôt.

Fiente de volaille. — Dans quelques maisons de culture, on n'attache aucune importance aux excréments de la volaille. C'est un grand tort, ces excréments étant un engrais très-énergique. Pour retirer le plus de profit possible de cet engrais, on répand dans le poulailler ou le colombier du sable, de la terre sèche et fine, de la sciure de bois : les excréments se mélangent avec ces matières, que l'on doit enlever assez souvent et conserver dans un lieu sec.

La fiente de volaille produit de très-bons effets dans la culture potagère, sur les oignons, les cornichons, etc. On jette quelques poignées de cet engrais dans un arrosoir plein d'eau, et on vide avec le goulot sur le pied des plantes que l'on veut favoriser.

Compost. On appelle compost un mélange de certaines matières qui, traitées convenablement, forment un très-bon engrais. Nous allons donner une manière très-simple de faire d'excellents composts.

Dans un coin de la cour ou du jardin, ramassons et amoncelons les balayures, la poussière et la boue des rues, les épluchures et les débris de cuisine qui ne peuvent servir à la nourriture des animaux, les cendres de lessive, la suie des cheminées et celle des tuyaux de poêle, les mauvaises herbes arrachées avant qu'elles soient mûres, les gazons et la terre provenant du nettoyage des allées du jardin. Arrosons le tas ainsi formé avec les eaux grasses qui ont servi au nettoyage du linge et de la vaisselle, l'urine, les égoûts du fumier, le purin. Le mélange, en raison de l'humidité constante dans laquelle il se trouve, pourrira lentement, et, au bout de quelques mois, sans aucun frais et avec bien peu de peine, nous aurons un excellent engrais. Pour que l'eau versée sur les composts pénètre par tout le tas, on fait dans celui-ci, à l'aide d'un piquet, plusieurs trous de différentes profondeurs; on verse le liquide dans ces trous : toute la masse se trouve ainsi humectée, et pourrit partout également. Si la pourriture marche trop rapidement, on recouvre le tas de terre; l'air n'arrivant plus, l'opération est ralentie, sinon arrêtée tout à fait.

Engrais verts. — On désigne sous ce nom des plantes qui, au lieu d'être récoltées, sont enfouies dans le sol sur lequel elles ont végété. On engraisse ainsi son terrain, comme nous allons le faire comprendre.

Les plantes ne vivent pas seulement aux dépens du sol, mais aussi aux dépens de l'air. En les enterrant, en les incorporant au sol, on lui rend donc de plus qu'on ne lui a pris, on l'améliore par conséquent.

Plus un végétal a de feuilles, moins il appauvrit le sol dans lequel il vit, car il puise d'autant plus de nourriture dans l'air. Donc, lorsque nous ferons usage des engrais verts, prenons de préférence les plantes à fort feuillage, tels que le trèfle, la luzerne, etc. Il va s'en dire que l'on n'enfouira pas une récolte très-productive ; dans ce cas, on enrichirait le sol en s'appauvrissant.

On a reconnu qu'un végétal, une fois fleuri, vit plutôt aux dépens du sol qu'aux dépens de l'air : Mettons cette remarque en pratique, en enterrant nos engrais verts aussitôt leur floraison. Une deuxième ou troisième pousse de trèfle, de luzerne, etc., retournée lorsqu'elle est en fleur, engraissera notre terrain sans grands sacrifices.

9e Leçon. -- Engrais industriels.

Il nous reste maintenant à parler des engrais produits en dehors de la maison de culture, engrais que l'on trouve dans le commerce, et qui sont connus sous le nom d'*engrais industriels*.

La qualité des engrais industriels dépend en grande partie des matières qui les composent ; ils ne sont pas d'une nature aussi complexe que les fumiers, ce qui fait que leur emploi est plus restreint ; ils n'apportent à la terre que quelques éléments réparateurs, favorables à la végétation de certaines plantes : c'est ce qui explique leurs effets énergiques sur quelques cultures et nuls sur les autres. En raison de leur composition simple, leurs principes nutritifs sont bientôt épuisés, et ne profitent généralement qu'à une seule récolte. Ils communiquent au sol une fécondité passagère, ruineuse pour les cultures subséquentes, en ce sens que ces dernières auront besoin d'une plus grande quantité d'engrais pour suppléer aux principes disparus, qui ont été absorbés avec les engrais industriels. Il en résulte qu'on ne

doit employer ceux-ci qu'avec modération; on finirait par ruiner le sol.

Avant de faire usage des engrais industriels, il
importe de bien connaître leur origine et leur composition; autrement, on s'exposerait à des déceptions
et à des dépenses inutiles. En conséquence, nous
allons passer en revue quelques-uns de ces engrais
les plus connus, et donner sur leur nature quelques
explications qui pourront guider dans leur emploi.

Guano.— On appelle ainsi un engrais en poudre
venant d'Amérique. Il forme, sur les bords de la
mer, des bancs de plusieurs mètres d'épaisseur; on
l'extrait comme les minerais et comme la houille, et
on l'expédie en Europe. Le plus estimé vient du
Pérou. Le guano n'est rien autre chose que de la
fiente d'oiseaux de mer, déposée depuis les temps
les plus reculés : ces oiseaux, d'un très-fort appétit,
sont continuellement sur l'eau pendant le jour. Le
soir, après s'être repus, ils viennent passer la nuit
sur le rivage, et c'est alors qu'ils le couvrent de ces
excréments dont l'agriculture fait un assez grand
usage.

Le guano est donc formé de poissons digérés par
les oiseaux de mer; il ne renferme pas de substances
végétales ; il ne peut remplacer le fumier.

Noir des Raffineries.— Tous les cultivateurs
connaissent la betterave; tous savent aussi qu'elle
est surtout cultivée en vue de la fabrication du sucre ;
mais beaucoup ignorent sans doute les procédés mis
en usage, et les substances employées concurremment
avec cette plante. Ce n'est pas ici le lieu de traiter
de cette fabrication; nous dirons seulement que,
parmi les substances employées, sont la chaux, le
sang, le noir animal. Une fois hors d'usage, ces
substances constituent un engrais connu sous le nom
de *noir des raffineries*. Cet engrais est très-bon et cela
se comprend : il renferme de la chaux, dont nous
connaissons les propriétés; il renferme du sang et du
noir animal, substances provenant des animaux,

nourris eux-mêmes avec les plantes que nous cultivons; il peut aussi renfermer quelques résidus de
betteraves. Les matières qui le composent sont en
grande partie tirées du sol; elles ne peuvent donc
que produire un bon effet sur ce dernier.

Gadoue ou boue des villes. — En vue de
la propreté des villes et dans l'intérêt de la salubrité
publique, la loi oblige les habitants à balayer les rues
au droit de leurs habitations, et à déposer en tas les
balayures, les débris de cuisine, en un mot, tout ce
dont ils veulent se débarrasser. Des entrepreneurs
parcourent les rues, et enlèvent avec des voitures,
pour aller les mettre au dehors et les livrer ensuite
au commerce, les immondices ramassées par toute la
ville. C'est ce qu'on appelle *gadoue*.

La gadoue est un excellent engrais, ayant beaucoup
d'analogie avec les composts dont nous avons parlé.
En effet, comme ces derniers, ils renferment toutes
sortes de débris animaux et végétaux, et des excréments de cheval provenant des balayures des rues.

Poudrette. — On appelle ainsi un engrais fait
avec des excréments humains desséchés et réduits
en poudre; il est préparé et livré au commerce par
les vidangeurs. Ce que nous avons dit des excréments
humains s'applique aussi à la poudrette, dont la
nature est tout à fait identique.

Engrais provenant des animaux morts.
—Ils sont produits soit par les ateliers d'équarissage,
soit par les abattoirs dans les villes. Leur origine
indique assez leur composition, et renseigne suffisamment sur leurs qualités; il est donc inutile d'entrer
dans de plus grands détails à leur égard.

10e Leçon—Emploi des différents engrais

Pour compléter la question des engrais, il nous
reste à examiner leur mode d'emploi; commençons
par le fumier.

Convient-il de le déposer d'avance sur un terrain, et de le laisser soit en petits tas, soit répandu partout en couche mince ?

Le fumier qui séjourne longtemps sur la terre ne se bonifie pas, loin de là : l'air lui enlève quelque chose, les pluies aussi ; c'est autant de perdu pour le cultivateur. En petit tas il perd moins que répandu, mais il perd encore et engraisse outre mesure, au détriment des autres, les endroits où il est déposé : les récoltes en ces endroits seront trop fortes et verseront, tandis qu'ailleurs elles souffriront faute de nourriture : l'ensemble du terrain engraissé sera donc dans de mauvaises conditions.

Pour tirer le meilleur parti possible du fumier, il faut l'employer immédiatement après sa sortie de l'écurie ou de l'étable ; mais cela n'est pas toujours possible. Il faut alors le déposer sur la cour à fumier jusqu'au moment de l'emploi, puis on le conduit sur les terrains à fumer ; on le dépose en petits tas à peu près égaux, disposés et espacés régulièrement, et d'un volume variable selon la quantité que l'on veut employer. Immédiatement après on procède à l'épandage : cette opération consiste à distribuer le fumier, à le répandre partout uniformément à l'aide d'un instrument appelé *trident*.

Il reste à mélanger le fumier au sol ; pour cela, on l'enterre par un labour, soit à la charrue, soit à la bêche.

Les urines provenant des écuries, les égoûts du fumier recueillis dans la fosse à purin, sont employés directement sur les prairies naturelles, et sur quelques cultures. Avant de faire usage de ces substances comme engrais, on les additionne d'une certaine quantité d'eau : pures, elles seraient trop énergiques et brûleraient les plantes.

L'épandage des engrais liquides se fait au moyen de tonneaux d'arrosage : ce sont de grandes tonnes montées sur une charrette ou sur un tombereau, et auxquelles sont adaptés, à l'arrière, des tuyaux munis de trous ou de petites fentes ; un robinet permet ou arrête la communication du tonneau avec le tuyau.

Lorsque l'on veut arroser, on ouvre le robinet : l'engrais liquide passe dans le tuyau et s'échappe sous forme de pluie par les petites ouvertures qui y sont pratiquées. Le remplissage des tonneaux se fait à la main avec des seaux, ou mieux avec des pompes qui puisent l'engrais dans la fosse, et, à l'aide de tuyaux, le déversent par la bonde dans les tonneaux.

Pour répandre l'engrais liquide dans les terrains en pente, la charrette ou le tombereau sont d'un usage impossible. Dans ce cas, l'épandage ne peut guère se faire qu'à dos d'homme, par le moyen de vases percés de petites ouvertures, ou de barils ayant une disposition analogue aux tonneaux d'arrosage.

Les engrais en poudre se répandent à la volée, comme la semence, et souvent mélangés avec elle ou avec de la terre sèche et fine, afin qu'ils se distribuent uniformément. Souvent aussi on emploie les semoirs mécaniques : l'épandage se fait d'une manière plus régulière et plus expéditive.

Quelle est la quantité d'engrais qu'il conviendrait d'employer pour assurer le succès des récoltes ?

Cette question, très-importante, ne peut se résoudre d'une manière générale; car la quantité d'engrais à employer dépend d'une foule de circonstances dont les principales sont la nature du terrain et celle des plantes cultivées. En effet, tel sol, sans aucun engrais, est très-productif; tel autre, fortement fumé, ne donne que des récoltes peu abondantes. Telle plante, avec une bonne fumure, est souffrante et produit peu; telle autre végète très-bien avec peu ou point d'engrais. L'expérience seule peut guider le cultivateur dans la quantité d'engrais à employer; mais, dans le cas le plus général, le fumier ne nuit pas; il n'est funeste que par exceptions : ce sont ces exceptions que la pratique, l'expérience et l'observation enseigneront au cultivateur.

La connaissance de la composition des engrais est un guide dans leur emploi. Il faut donner à chaque récolte une nourriture qui lui soit appropriée; elle aura bien plus de chance d'être bonne. Puisque nous connaissons les principaux engrais, il nous sera facile de les employer de la manière la plus avantageuse. Le fumier, en raison de sa nature très-complexe, les excréments humains, les composts, la gadoue, dans lesquels on trouve les résidus ou débris de la plupart des plantes cultivées, peuvent être employés avec succès pour toutes les cultures. Le guano, ne renfermant aucuns débris végétaux, ne devra pas être employé seul : il ne pourra servir que de stimulant.

Généralement, on incorpore les engrais au sol avant les semis; plus rarement, cette opération a lieu après ou en même temps, surtout avec les engrais pulvérulents; quelquefois aussi, on se contente de les répandre en couche mince sur les semis ou sur les plantes : l'essentiel est qu'ils produisent de l'effet, quel que soit d'ailleurs le mode d'emploi.

CHAPITRE IV.

DU TRAVAIL DE LA TERRE ET DES INSTRUMENTS.

Le travail de la terre, soit dans la grande culture, soit dans le jardinage, est d'une importance considérable; de la dépend en partie le succès des récoltes : il importe donc que le cultivateur en connaisse bien le but, afin de l'exécuter dans les meilleures conditions.

Le travail de la terre se fait de plusieurs manières et prend différents noms; il demande l'emploi d'instruments variés. Quelquefois le même instrument sert dans la grande culture et dans le jardinage; le plus souvent, le même travail demande un instrument différent. Le tableau suivant comprend toutes les opérations que nécessite le travail de la terre, avec l'indication des instruments employés dans les deux genres de culture.

OPÉRATIONS de culture.	INSTRUMENTS EMPLOYÉS.	
	GRANDE CULTURE	JARDINAGE
Labour.	Charrue.	Bêche.
Hersage.	Herse.	Râteau et Herse.
Roulage.	Rouleau.	Rouleau et planche.
Buttage,	Charrue et Houe.	Houe.
Binage.	Houe et Béchard.	Houe et Binette.
Façons.	Extirpateur, Scarificateur, Charrue.	Houe et Binette.

11e Leçon.—Labour, Charrue et Bêche.

On appelle *labour* une opération de culture par laquelle on ramène à la surface une portion de terre arable enfouie plus ou moins profondément.

Par les labours, on soumet la terre inférieure à l'influence de l'air, de l'eau, de la chaleur, de la lumière; on remet au fond une terre qui a subi l'action des mêmes agents pendant un temps plus ou moins long, de sorte que tout le sol cultivé s'en trouve imprégné : les plantes qu'on lui confiera se trouveront placées dans de bonnes conditions. C'est là un des effets des labours, mais ils en produisent encore d'autres tout aussi importants. Ce sont eux qui ameublissent le sol, le divisent, le rendent facilement pénétrable aux racines des végétaux. Les labours d'automne ameublissent davantage que les autres, et voici pourquoi : la terre nouvellement remuée s'imbibe d'eau par les pluies; elle subit ainsi l'action des gelées dont nous connaissons les effets : elle s'émiette, se désagrége tout à fait; et, à la sortie de l'hiver, elle se trouve dans un état de division très-complet.

Un troisième effet des labours, c'est de nettoyer le sol en détruisant les mauvaises herbes. Une récolte n'est pas plus tôt enlevée qu'une nouvelle végétation a lieu sur le même terrain; les plantes nuisibles se développent souvent avec rapidité, et achèvent d'épuiser le peu d'engrais qui n'avait pas été absorbé par la récolte. Les labours, en coupant court à cette végétation, bonifient par là même le sol. Comme conséquence de cet effet des labours, on comprend sans peine qu'il est toujours bon d'y avoir recours aussitôt l'enlèvement des produits, quand même le terrain devrait rester en jachère pendant un temps assez long. Cependant, il est bon de dire dès à présent que les façons à l'extirpateur, dont nous parlerons plus loin, conviennent bien mieux dans cette circonstance: la charrue ne devra être employée qu'à défaut d'extirpateur.

C'est aussi par le moyen des labours que l'on incorpore le fumier au sol, ainsi que quelques autres engrais.

Les labours se font à une profondeur variable, selon le but que l'on se propose en les exécutant. Ils seront profonds pour les semis ou les plantations, afin que les racines ne soient pas gênées dans leur développement; une profondeur moyenne conviendra pour l'enfouissement du fumier; un labour tout léger sera souvent suffisant pour la destruction des mauvaises herbes. Lorsque l'on fait usage des engrais verts, c'est aussi par un labour moyen qu'on les incorpore à la terre.

Les labours exécutés en temps pluvieux, loin d'ameublir le sol, le durcissent au contraire ; dans ce cas-là, il vaut mieux ne pas labourer du tout, car le remède serait pire que le mal.

Dans la grande culture, les labours se font à l'aide d'un instrument appelé *charrue*, dont nous allons donner la description.

Une charrue se compose de plusieurs pièces dont les principales sont : l'*âge*, les *mancherons*, le *coutre*, le *versoir*, le *soc*, le *sep*, le *régulateur*, et l'*avant-train*.

L'âge est le corps de l'instrument; c'est à lui que se rattachent toutes les autres parties. Il consiste en une pièce de bois se relevant à l'arrière pour former les mancherons. Ceux-ci, dans les charrues à avant-train, sont deux pièces de bois plus petites, s'écartant à mesure qu'elles s'éloignent de l'âge. Le cultivateur, quand la charrue fonctionne, tient l'extrémité de chaque mancheron. Dans les charrues araires, il n'y a pas à proprement parler de mancherons ; ils sont remplacés par une espèce de poignée en bois placée tout à fait en arrière de l'âge et en dessous.

Le coutre est en fer ; c'est comme un gros couteau fixé obliquement sous l'âge, et destiné à couper verticalement la bande de terre à retourner ; c'est lui qui limite la largeur du sillon.

Le versoir, aussi en fer et contourné dans sa longueur, tient d'une part au soc et de l'autre à l'âge : sa forme tordue lui est donnée afin que la bande de terre, en glissant dessus, se retourne plus facilement et plus régulièrement.

Le soc fait au fond de la raie ce que le coutre fait sur le côté ; il limite l'épaisseur de la bande de terre en la détachant du sol. Il est pointu et triangulaire, afin d'entrer et de fonctionner mieux.

Le sep, que l'on appelle aussi talon, sert de support à tout l'instrument ; il glisse au fond de la raie quand la charrue est en activité.

Le régulateur sert pour régler l'entrure de la charrue, l'épaisseur de la bande de terre à retourner ; il est fixé sur l'avant de l'âge.

L'avant-train consiste en deux petites roues qui soutiennent l'âge dans sa partie antérieure, et qui aident le cultivateur dans le maniement de sa charrue.

Les charrues sans avant-train sont connues sous le nom d'*araires*.

Pour transporter la charrue de la remise au terrain à labourer, et réciproquement, on se sert, pour l'araire, d'un traîneau sur lequel on la dépose ; pour la charrue à avant-train, un simple bâton mis d'une certaine façon soutient le derrière ; quelquefois même on se contente de la laisser glisser sur le sep.

Dans le jardinage, l'instrument avec lequel on effectue les labours s'appelle *bêche* ; il se compose de deux parties : le *fer* et le *manche*. Le fer est destiné à couper la terre et à la retourner. Le manche est une tige de bois ronde et bien polie, se terminant quelquefois en T à la partie supérieure ; il sert au maniement de l'instrument.

12ᵉ Leçon. — Hersage, Herse & Rateau.

Le *hersage* est une opération de culture par laquelle on ameublit, on divise tout à fait, on égalise la surface du sol après un labour.

Plus une terre sera dépourvue de mottes ou moins elle tiendra ensemble, plus un semis lèvera vite, et plus les plantes prendront de force dans les commencements de leur végétation. C'est par le moyen du hersage que l'on remplit ces conditions : il est donc d'une grande utilité dans la culture. On y a recours dans les circonstances suivantes :

1° Au moment de l'ensemencement. Le hersage sert alors à deux fins : il recouvre la semence, et il ameublit la terre de la surface. Le semis lèvera plus facilement ; les germes n'éprouveront ni difficulté ni résistance pour traverser la couche de terre qui les sépare de l'air libre.

2° A défaut d'extirpateur, entre deux labours consécutifs, sur un terrain en repos. On empêche ainsi la surface du sol de se durcir ; on l'égalise, on la rend plus pénétrable aux agents naturels ; on empêche les mauvaises herbes de se développer. De plus, quand on fera le 2ᵉ labour, on enfouira une terre tout à fait divisée ; les racines des plantes la traverseront aisément. On rend aussi ce second labour plus facile à exécuter.

3° Au mois de mars ou d'avril, sur les céréales, les prairies artificielles, et quelquefois sur les pommes de terre, afin de briser la croûte formée par les vents et les pluies suivis de temps sec : c'est ce qu'on appelle le *hâle de mars.* Le blé surtout réclame cette opération, afin de favoriser le *tallage* ou multiplication des épis.

Selon les circonstances, le hersage sera ou léger ou énergique : léger, après un semis, sur le blé au printemps, sur les pommes de terre ; énergique, entre deux labours consécutifs.

Le hersage, dans la grande culture, se fait au moyen de la *herse*, instrument de forme variable, mais se composant toujours de *traverses* reliées entre elles, et de *dents*. Les traverses, en bois et quelquefois en fer, portent des dents, qui sont aussi en bois ou en fer. Une herse toute en fer convient pour les hersages énergiques. Les dents, au lieu d'être droites, sont un peu recourbées dans le sens de l'avant : cette courbure facilite le travail.

Afin de rendre plus commode le transport de la herse, et en même temps pour conserver l'instrument, on la fait glisser sur le dos, auquel on fixe deux pièces de bois, afin de ne pas endommager les traverses. Quand la herse est toute en fer, on se contente de la retourner.

Dans le jardinage, on peut se servir d'une petite herse très-légère traînée par des hommes ; mais le plus souvent on se sert d'un autre instrument appelé *râteau*. Il se compose d'un manche et d'une tête en bois, et de dents soit en bois, soit en fer. Le manche du râteau est une tige assez mince, ronde et polie, afin que le frottement avec la main ne soit pas trop rude. Souvent, près de la tête, et afin de mieux maintenir celle-ci, le manche fait fourche, et s'y relie à deux places. Cette disposition du manche donne aussi plus de régularité au travail. La tête du râteau, sauf les dimensions, a beaucoup d'analogie avec les traverses de la herse ; comme celle-ci, elle porte les dents, fixées dans des trous préparés à dessein. Les dents en bois sont assez longues, droites, et se prolongent souvent des deux côtés de la largeur de la tête, de sorte que le râteau est double. Les dents en fer, moins longues que celles en bois, sont recourbées à leur extrémité libre, du côté du manche du râteau. Cette courbure est faite dans le même but que pour les dents de la herse.

13ᵉ Leçon. — Roulage & Rouleau.

L'opération du roulage a pour but de raffermir le

sol en le tassant à la surface. On exécute principalement ce travail au printemps, afin de donner à la terre une certaine consistance qu'elle a perdue pendant l'hiver, par suite des alternatives de gelée et de dégel. Ce léger tassement produit par le roulage est très-salutaire aux plantes dont le pied a été dégarni. Il sert aussi à écraser les mottes, à ameublir le sol par conséquent. Il égalise la surface en détruisant et en bouchant tous les petits vides occasionnés par les hersages, et qui servent souvent de repaires aux insectes nuisibles. Il peut tuer aussi ces derniers, ainsi que les limaces et les limaçons ; les vers ont aussi moins de prise sur un sol roulé que sur un autre.

Le roulage est surtout recommandé et pratiqué dans les circonstances suivantes :

1° Aussitôt l'ensemencement des céréales de printemps, lorsque le temps est favorable. Par les pluies, il est toujours nuisible, parce qu'il emprisonne la semence sous une couche de mortier qu'elle aura difficile de traverser.

2° Au printemps, sur les blés, aussitôt le hersage. Cette opération raffermit le sol tout en garnissant de terre les pieds déchaussés. Le tallage se trouve aussi favorisé par le tassement et par le recouvrement des racines. Un autre bon effet du roulage sur les blés à la sortie de l'hiver, c'est la destruction de quelques insectes nuisibles, et en particulier des limaces. Ces dernières se tiennent généralement à la surface, afin de se nourrir des jeunes pousses ; elles se trouvent écrasées sous la pression produite par l'instrument.

3° Après le semis de la plupart des plantes potagères, ce qui les fait lever plus régulièrement.

4° Avant l'ensemencement, lorsqu'on se sert du semoir pour cette opération. L'instrument fonctionne mieux sur un sol raffermi, la graine est déposée dans de meilleures conditions, et lèvera mieux.

Le roulage se pratique dans la grande culture à l'aide du *rouleau*, instrument composé de deux parties : le rouleau proprement dit, et les timons d'attelage. Le rouleau proprement dit consiste en un gros bloc arrondi, soit de bois, soit de pierre, soit même de fer ; mais dans ce dernier cas il est creux. Aux deux extrémités de ce bloc, on a ménagé, au centre, deux petites parties saillantes et taillées en essieux ; c'est au moyen de ces parties que le rouleau est relié aux barres d'attelage.

On emploie maintenant un rouleau qui, au lieu de se former d'un seul bloc se compose de plusieurs parties distinctes sur le même axe, et ayant chacune son mouvement particulier. Ce rouleau, préférable au précédent, est connu sous le nom de *rouleau articulé*.

Dans le jardinage, le roulage peut s'exécuter à l'aide d'un petit rouleau à bras ; mais, le plus souvent, on n'a pas recours à un instrument spécial : on se sert du dos de la bêche, et quelquefois même on se contente d'un simple piétinement. Un bon roulage se fait avantageusement de la manière suivante : on se munit d'une planche plus large et un peu plus longue que le pied. À l'avant de cette planche, on pratique un ou deux trous dans lesquels on engage une corde que l'on maintient par un nœud en dessous ; l'extrémité libre de cette corde, quand l'instrument fonctionne, est tenue dans la main ; elle sert de régulateur pour la pression, qui est exercée en appuyant le pied sur la planche. Un faible roulage s'obtient en soutenant tant soit peu l'instrument ; un roulage énergique est donné par toute la force du pied agissant sur la planche.

14e Leçon. — Buttage, Buttoir & Houe.

On entend par *buttage* un travail de culture par lequel on amoncelle, on rassemble de la terre autour du pied de certaines plantes.

Les principaux effets du buttage sont :

1° De fournir à la plante une plus grande quantité de sève, et d'en favoriser la végétation par conséquent.

2° De faire développer un plus grand nombre de racines et surtout de chevelu.

3° De tempérer les mauvais effets d'une sécheresse

prolongée en soustrayant les racines à l'action des rayons solaires.

4° D'empêcher la lumière d'exercer son influence sur les parties de la plante qui en souffriraient.

On n'a recours au buttage que dans la culture de quelques plantes, tels que les pommes de terre, les choux, les pois, les fèves, les haricots, etc. Cette opération se pratique lorsque la végétation est déjà assez avancée, lorsque les feuilles se sont développées, afin que la plante buttée se nourrisse tout aussi bien aux dépens de l'air qu'auparavant. On comprend aisément que le buttage n'est praticable qu'autant que les pieds des plantes soient assez espacés. Pour l'exécuter, on emploie, dans la grande culture, une espèce de charrue appelé *buttoir*: c'est une charrue ordinaire munie de deux versoirs, l'un à droite, l'autre à gauche de l'instrument, de sorte que, quand celui-ci fonctionne, il rejette en même temps la terre des deux côtés; on comprend alors que l'opération du buttage est tout à fait expéditive. Mais, pour se servir du buttoir, il faut que les plantes soient bien en lignes; autrement, ce mode de buttage devient difficile, sinon impossible. L'usage du buttoir commence à se généraliser, au grand avantage de l'agriculture. A défaut de cet instrument, on se sert de la *houe*, aussi employée dans le jardinage.

La houe se compose de deux parties : le *manche* et le *fer*. Le manche est une tige de bois bien droite, ronde et polie, d'une grosseur telle que la main puisse l'embrasser sans difficulté. Le fer comprend la *tête* et le *tranchant*. La tête consiste en un trou cylindrique assez grand pour y fixer le manche; elle est séparée du tranchant par un étranglement. Ce dernier a beaucoup d'analogie avec le fer de la bêche, dont nous avons parlé précédemment. Le fer de la houe est disposé de telle façon que quand le manche y est fixé, tout l'instrument a une position inclinée; cette disposition est la plus avantageuse pour le travail.

15ᵉ Leçon. — Binage, Houe à cheval, Binette.

On appelle *binage* une opération de culture qui consiste à remuer, à diviser la terre d'un sol ensemencé. Ce travail a beaucoup d'analogie avec le hersage ; il produit les mêmes effets, auxquels on peut ajouter les suivants :

Le binage réchauffe une terre froide en y donnant accès à l'air : ce corps, s'étant imprégné de la chaleur des rayons solaires, la cède ensuite au sol avec lequel il est en contact. Il divise la terre redevenue compacte, et qui, formant croûte, s'oppose à l'accroissement des plantes, ainsi qu'à l'action des agents naturels. Il empêche les gerçures dans les terrains forts : on sait que ceux-ci, par suite de la sécheresse, se fendillent ; les plantes avoisinant ces fentes ou gerçures se dessèchent bientôt et périssent ; le binage prévient cet inconvénient. Enfin, il détruit les mauvaises herbes, qui, en se développant, auraient bientôt étouffé les bonnes.

Le binage est surtout usité dans la culture jardinière ; la grande culture n'y a recours que pour quelques plantes, telles que les pommes de terre, les betteraves, les carottes.

Pour effectuer le binage, il convient d'attendre que les plantes soient levées : avant cette époque, on s'exposerait à briser les jeunes pousses qui vont sortir de terre.

Dans la grande culture, le binage s'exécute à l'aide de la houe à cheval ; c'est un instrument de forme variable, mais toujours composé de plusieurs petits socs assez rapprochés ; c'est une espèce de petit extirpateur peu large, afin qu'il puisse fonctionner entre deux lignes de semis, ou entre deux routes de pommes de terre. Faute d'une houe à cheval, on se sert de la houe à main dont nous avons déjà parlé, ou mieux, d'un autre instrument appelé *béchard*. Celui-ci diffère de la houe en ce que, au lieu d'un tranchant large comme le fer d'une bêche, il porte deux dents plates et pointues. Il est d'un usage moins fatigant que la houe, et il divise encore mieux la terre.

Dans le jardinage, le binage se fait à l'aide d'un instrument connu sous le nom de *binette* ou *serfouette*. Elle se compose d'un manche semblable à celui de la houe : il est cependant quelquefois plus mince et plus court. Généralement le fer est double, avec le trou pour le manche au milieu. D'un côté, il se termine en forme de houe ; de l'autre, en forme de béchard. Il y a des binettes de différentes dimensions. Selon les circonstances, on emploie la binette du côté de la houe ou du côté du béchard ; avec ce dernier, on est moins exposé à détruire des plantes en travaillant.

16° Leçon. — Façons, Extirpateur et Scarificateur.

On entend par *façons* toutes les espèces de travaux de culture ayant la terre pour objet, et qui ne sont pas compris dans les catégories précédentes.

Les façons complètent la préparation du sol et mettent dans les meilleures conditions possibles pour produire. Elles sont surtout usitées dans la grande culture : on les donne à l'aide de deux instruments : l'*extirpateur* et le *scarificateur*.

L'extirpateur est une espèce de grosse herse montée sur des roues de petit diamètre. La charpente est en bois ou en fer : une charpente en fer donne un grand poids à l'instrument, et contribue à en rendre le maniement plus difficile : mais, en revanche, elle donne lieu à un travail plus complet et plus énergique. Les dents de l'extirpateur, toujours en fer, ont la forme de petits socs plats ou un peu arrondis, allongés et recourbés. Elles sont seulement vissées dans les traverses, de sorte qu'on peut les enlever à volonté, et régler ainsi le travail de l'instrument selon les besoins et la force de l'attelage. L'extirpateur est muni à chacune de ses extrémités d'une espèce de crémaillère faisant l'office de régulateur ; c'est avec ces crémaillères qu'on règle l'entrure de l'instrument et la profondeur du travail. L'extirpateur a la forme triangulaire.

Le scarificateur diffère de l'extirpateur en ce que les dents sont en forme de coutres au lieu d'être en forme de socs ; l'un travaille la terre verticalement, l'autre plutôt horizontalement. On fabrique aussi des instruments mixtes, tenant du scarificateur et de l'extirpateur.

Ces deux instruments ne sont pas aussi répandus qu'ils méritent de l'être, car ils rendent de grands services à l'agriculture. Leur emploi est surtout nécessaire dans les circonstances suivantes :

1° Aussitôt l'enlèvement des récoltes, et surtout après la moisson. Il ameublit la terre, la divise, rend les labours plus faciles et détruit les mauvaises herbes.

2° Avant de mettre la charrue dans un sol trop compacte. Le travail est rendu plus facile et l'ameublissement plus complet.

3° Lorsqu'on veut retourner un champ de trèfle ou de luzerne, et qu'on veut livrer à la culture une prairie naturelle. Les racines des ces plantes fourragères sont arrachées et découpées, l'ameublissement du sol se fera d'une manière plus parfaite. Seulement, dans ce cas, il faut avoir soin de soulever l'instrument de temps en temps, car les racines s'accumulent aux dents et rendent le fonctionnement difficile.

CHAPITRE V.

DES ASSOLEMENTS.

17ᵉ Leçon. — Théorie des Assolements.

On entend par *assolement* l'ordre dans lequel se succède la culture des différentes plantes récoltées dans une exploitation agricole.

On donne le nom de *sole* à chaque partie du terrain qui reçoit annuellement une nouvelle culture. Ainsi, l'ensemble des terres cultivées en blé sera la sole de blé.

Un cultivateur, quelle que soit son ignorance des principes agricoles, si restreinte que soit l'étendue de ses propriétés, met rarement deux années de suite la même plante sur le même terrain ; il varie ses cultures, sachant bien qu'elles seront plus productives. Une simple comparaison nous fera comprendre la nécessité des assolements.

Lorsque nous faisons une tache d'encre sur nos cahiers ou sur nos livres, nous appliquons sur la la tache, pour l'enlever, une feuille d'un papier spécial appelé *papier buvard*. A la première pression, le papier buvard boit presque toute l'encre ; à une seconde, il en boit beaucoup moins ; encore une ou deux au plus, il n'en boira plus du tout, pour une raison bien simple : c'est qu'il n'en reste plus à boire.

Ce que nous venons de constater avec l'encre et le papier buvard est une image exacte de ce qui se passe dans les champs entre un sol cultivé et les plantes : celles-ci jouent le rôle de papier buvard : elles pompent, elles s'imbibent, elle se pénètrent de tout ce qui leur convient, et elles arrivent ainsi à maturité. Que l'on cultive l'année suivante la même plante dans le même champ : la récolte sera chétive et ne donnera qu'un faible rapport. Après trois ou quatre récoltes consécutives, le sol sera totalement épuisé.

Mais un terrain renferme plusieurs substances ; une culture l'appauvrit, c'est-à-dire qu'elle absorbe la plus grande partie de la substance qui lui convient. Le terrain a cédé un de ses ingrédients, mais il a encore tous les autres ; il peut très-bien nourrir une autre récolte, pourvu qu'elle se contente d'autres mets que sa devancière.

Voilà la première raison des assolements ; mais, pour les pratiquer convenablement, pour atteindre le but auquel doit tendre tout agriculteur, qui est de tirer du sol le plus de produits possibles avec la plus petite quantité d'engrais, il faut d'autres connaissances dont nous allons parler.

Lorsque nous avons traité de l'air et expliqué son rôle dans l'acte de la végétation, nous avons dit qu'il servait aussi à la nourriture des plantes. Lorsque nous avons parlé des engrais verts, nous avons dit aussi qu'une plante prend d'autant plus à l'air, pour se nourrir, qu'elle a plus de feuilles. Nous le répétons encore, et nous ajoutons que plus une plante puise dans l'air, moins elle prend dans le sol, moins elle appauvrit ce dernier par conséquent. De plus, telle plante est consommée presque en entier, telle autre n'y est qu'en très-petite partie. Dans le blé, on utilise la paille et le grain ; on ne laisse au sol que les racines. Dans les pommes de terre, on ne recueille que les tubercules ; tout le reste de la plante est laissé sur le terrain. Le sol perd donc plus après une récolte de blé qu'après une récolte de pommes de terre

D'après cela, on est convenu de diviser les plantes en deux catégories : les *plantes épuisantes* et les *plantes améliorantes*. Les premières appauvrissent beaucoup le sol ; les autres comprennent deux classes : 1° celles qui sont améliorantes par leur nature, telles sont les herbes des prairies ; 2° celles qui améliorent le terrain par les façons qu'elles réclament pendant leur végétation ; telles sont les pommes de terre.

Pour pratiquer les assolements d'une manière convenable, il faut faire succéder une culture de plantes épuisantes à une culture de plantes améliorantes, et réciproquement. Reste à savoir maintenant par laquelle de ces deux cultures il convient de commencer son assolement, ou, comme on dit, sa *rotation*.

Une culture épuisante immédiatement après la fumure enlève au sol la plus grande partie des principes nutritifs fournis par le fumier, de sorte que la culture suivante trouvera une terre épuisée : cette récolte sera donc placée dans de mauvaises conditions. Au contraire, si on commence la rotation par une culture améliorante, cette culture absorbera peu d'engrais, et la récolte suivante trouvera un sol très-peu appauvri, ayant encore presque tous ses principes nutritifs ;

la dernière culture sera donc dans de bonnes conditions.

Ainsi, d'après les considérations qui précèdent, il
convient de commencer la rotation par une culture
améliorante. Mais il y a encore d'autres raisons à
examiner dans les assolements.

Le fumier fait développer immédiatement une
grande quantité de plantes, des bonnes comme des
mauvaises; ces dernières épuisent le sol quelquefois
plus que les autres. Il importe donc que la culture
qui commence la rotation soit celle d'une plante
susceptible d'être sarclée, comme la pomme de terre,
la betterave.

L'assolement sera aussi différent selon les besoins
de l'exploitation. Si l'on a en vue la production du
bétail, l'assolement devra être combiné de façon à
donner une grande quantité de plantes fourragères.
Si la culture a pour objet le commerce, le système de
rotation devra être tout différent. Quel que soit le but
qu'on se propose en cultivant la terre, il faut autant
que possible bannir la *jachère* : on appelle ainsi l'état
d'un sol qu'on n'ensemence pas, qu'on soustrait à la
production pendant un an. Cependant, pour supprimer totalement la jachère, il faut disposer d'une
grande quantité de fumier, ou avoir recours aux engrais industriels. En un mot, la quantité de terrain
en jachère est en raison inverse de la masse d'engrais employés.

18e Leçon.—Les Systèmes de Rotation.

Les champs composant l'exploitation agricole sont
divisés en autant de soles qu'il y a de cultures, et ce
nombre de soles est aussi égal au nombre des années
nécessaires pour que la même récolte revienne sur
le même terrain.

Dans une ferme dont tous les champs sont contigus, rien n'est plus facile que la division du terrain
en soles; mais lorsque l'exploitation se compose d'un
grand nombre de petites parcelles disséminées, isolées les unes des autres, enclavées dans d'autres par-

celles ayant des propriétaires différents, la division
en soles présente souvent de grandes difficultés. Moi,
cultivateur, je veux ensemencer une de mes terres
en betteraves, je suppose. Cette terre, n'aboutissant
à aucun chemin et en étant même assez éloignée, est
attenante de toutes parts à d'autres terres ensemen-
cées en blé. Je suis donc obligé de faire mes transports en foulant d'autres propriétaires; j'abîme encore
les récoltes de mes plus proches voisins en cultivant
mon terrain. De là, indemnités à payer, et quelquefois, avec des propriétaires entêtés, procès à soutenir.
J'ai donc beaucoup de frais, souvent des contrarié-
tés, pour avoir voulu faire une culture différente des
autres.

C'est là un des plus grands obstacles aux progrès
de l'agriculture dans les campagnes, obstacle qui
existera tant que durera le morcellement actuel du
sol, et tant qu'il n'y aura pas un plus grand nombre
de chemins ruraux, qui rendront plus facile l'accès
des terres.

Les intérêts d'un propriétaire sont souvent différents de ceux de son voisin; un assolement qui convient à l'un peut être contraire à l'autre; et, afin
d'éviter les inconvénients que nous avons signalés
tout à l'heure, on maintient le mode actuel de culture, le même qu'ont suivi nos pères, et l'agriculture
ne fait aucun progrès. Pour faire cesser cet état de
choses, qui est le plus général, car il existe pour
ainsi dire dans toutes les communes, il faut que quelques-uns des propriétaires les plus importants donnent l'initiative; il faut qu'ils fassent entre eux des
échanges, afin d'avoir autant que possible des terres
moins divisées; il faut qu'ils provoquent par tous les
moyens la création de nouveaux chemins ruraux. Ils
pourront alors adopter le mode d'assolement le plus
en rapport avec leurs intérêts. Les autres propriétaires, une fois l'impulsion donnée, et surtout en voyant
les avantages du nouveau système de culture, imite-
ront les premiers, et tout le monde y gagnera.

D'après les considérations qui précèdent, on comprend facilement qu'il est impossible de donner des

règles fixes pour pratiquer l'assolement, et de recommander tel système de rotation plutôt que tel autre. Nous allons passer en revue les principaux, et donner sur chacun d'eux les explications et les éclaircissements nécessaires : ce sera au cultivateur à adopter l'un ou l'autre, selon ses intérêts particuliers, et selon les circonstances dans lesquelles il se trouvera placé.

Les assolements prennent différents noms suivant le nombre de cultures qu'ils nécessitent, et par conséquent suivant le nombre de soles et d'années nécessaire pour que la même récolte revienne sur le même terrain. C'est ainsi que l'on a l'*assolement triennal*, avec trois cultures et un espace de trois ans; l'*assolement quadriennal*, qui demande quatre cultures et un espace de quatre ans, etc.

Assolement triennal.—Cet assolement est tout à fait contraire à l'agriculture progressive. Il est cependant suivi dans un grand nombre de villages, et surtout dans les contrées où domine la culture du blé. Voici les principaux inconvénients de l'assolement triennal :

1° La même plante revenant trop souvent sur le même sol, les récoltes ne sont pas ce qu'elles devraient être ; la terre s'épuise, et, pour la maintenir en état de fertilité, on est souvent obligé de recourir à la jachère.

2° L'assolement triennal ne comporte qu'un bétail restreint, attendu qu'il ne permet guère la création de prairies artificielles.

3° Avec un bétail peu nombreux, le fumier n'est pas abondant; les terres sont mal fumées et ne donnent pas leur maximum de produit; on est obligé d'avoir recours aux engrais industriels, qui coûtent très-cher et ne valent pas le fumier.

Donc, autant que possible, ne suivons pas l'assolement triennal.

Assolement quadriennal.—Cet assolement est bien préférable au précédent, attendu qu'il n'a pas les inconvénients de celui-ci. Au lieu d'épuiser le sol, il le maintient dans un état constant de fertilité ; il permet la suppression de la jachère ; il augmente la provision fourragère par la faculté qu'il donne de créer des prairies artificielles. Comme conséquences, il admet un bétail plus nombreux et une meilleure fumure. Avec l'assolement quadriennal, la sole de blé a une superficie moindre qu'avec l'assolément triennal ; mais, comme le terrain se trouve placé dans de meilleures conditions, le produit en grain et en paille est au moins équivalent, sinon supérieur. Par conséquent, en vue des avantages qu'il procure, préférons l'assolement quadriennal à l'assolement triennal.

Cet assolement est susceptible de quelques combinaisons ; il admet quelques variétés de cultures : c'est au cultivateur à choisir la rotation la plus favorable à ses intérêts particuliers. Dans tous les cas, les récoltes se succéderont toujours dans l'ordre suivant : 1re année : *plante sarclée* ; 2e année : *céréale* ; 3e année : *prairie artificielle* ; 4e année : *céréale*.

Il y a encore beaucoup d'autres systèmes de rotation admettant un plus grand nombre de cultures.

Assolement dans les Jardins.—La culture jardinière, tout aussi bien que la grande culture, réclame la pratique des assolements ; car, de même que celle-ci, elle a ses plantes épuisantes et ses plantes améliorantes qu'il convient aussi d'alterner. Mais, par suite de la grande quantité d'engrais employés dans les jardins, par suite des façons multipliées que l'on donne au sol, le système de rotation a une influence bien moindre, et même, jusqu'à un certain point, le jardinier obtient de sa terre ce qu'il en veut. En conséquence, nous n'entrerons dans aucun détail concernant ces assolements.

CHAPITRE VI.

DES PLANTES.

19ᵉ Lecon.—Différentes parties des Plantes.

Les plantes sont des êtres vivants comme les animaux, mais leur manière de vivre est bien différente. Tandis que les animaux se transportent, selon leur volonté, d'un lieu dans un autre, les plantes vivent forcément à l'endroit où elles sont nées; par elles-mêmes, il leur est tout à fait impossible d'aller ailleurs; elles n'ont pas de volonté.

On distingue dans les plantes quatre parties principales : la *racine*, la *tige*, les *feuilles* et les *fleurs*.

La racine est la partie inférieure de la plante, celle qui la fixe au sol, et par laquelle elle en tire sa nourriture. Elle se termine toujours par de petits filaments très-minces qui forment le *chevelu*; ils lui servent comme de suçoirs pour pomper sa nourriture.

Une racine est dite *pivotante* quand elle s'enfonce droite dans la terre, comme celle de la carotte, de la betterave; elle est *fibreuse* quand elle se divise en une multitude de petits filets s'étendant à peu de profondeur, comme celle du blé; *tubériforme*, quand elle présente des renflements d'espace en espace, telle que la tulipe; *bulbeuse*, quand elle ressemble à celle de l'oignon.

Par rapport à sa durée, la racine est dite *annuelle*, quand elle meurt chaque année, telle est celle du blé; *bisannuelle*, quand elle subsiste deux ans, tels sont la carotte, le navet, la betterave; *vivace*, quand elle dure plus longtemps, tels sont la luzerne et les arbres fruitiers.

Lorsque nous plantons un végétal quelconque, il faut autant que possible conserver le chevelu : il est préférable de détruire une grosse racine que ces minces filets, car ce sont les suçoirs de la plante.

On appelle *collet* la partie d'un végétal qui sépare, à fleur de terre, la racine de la tige. Cette dernière croît en montant vers le ciel; elle sert de soutien aux feuilles, aux fleurs et aux fruits.

La tige des plantes est tantôt dure, comme dans le bois; alors elle est dite *ligneuse*; tantôt elle est creuse et moins résistante, comme dans le blé : elle porte alors le nom de *chaume*. Quand une tige n'a pas de branches, elle est dite *simple*; elle est *ramifiée* dans tous les autres cas.

Nuire à la tige, soit en la blessant, soit en y retranchant, soit en lui faisant prendre une direction, une position forcée, c'est un moyen sûr de faire souffrir la plante toute entière, puisque c'est dans la tige que se trouvent les canaux ou chemins où circule la nourriture de la plante.

Les feuilles sont les parties vertes attachées à la tige ou aux rameaux, c'est par elles que les plantes respirent : ce sont ses véritables poumons.

La surface supérieure des feuilles, la plus verte, est percée de petits trous invisibles à la simple vue, par lesquels elles pompent, elles aspirent l'air nécessaire à l'entretien de leur vie. Le dessous est percé aussi de trous très-petits par où s'échappe ce qu'elles ont d'air de trop, ou ce qui ne leur convient pas. On doit, par conséquent, conserver avec soin les feuilles à tout végétal · celui qui en serait totalement dépourvu périrait étouffé, comme un animal que l'on étreignerait à la gorge. N'effeuillons donc point les betteraves, les carottes, les choux, etc., et élaguons peu nos arbres.

Les fleurs servent à la formation de la graine, qui doit reproduire un végétal semblable.

On distingue dans la fleur quatre parties principales : le *calice*, la *corolle*, les *étamines* et les *pistils*.

Le calice est l'enveloppe la plus extérieure de la fleur; elle est presque toujours verte comme les feuilles, et est facile à reconnaître dans la rose et la violette. Quelques plantes ont des fleurs sans calice.

La corolle, de couleurs très-variées, est généralement regardée comme la fleur, tandis qu'elle n'en est qu'une partie, qui est rouge dans le coquelicot, bleue dans le bluet, jaune dans le colza, le chou, le navet, et de diverses couleurs dans la violette.

Les étamines et les pistils sont ces filets minces placés au centre de la corolle, qui les enveloppe pour les préserver et leur donner de la chaleur. Les étamines sont souvent attachées aux feuilles de la corolle, tandis que les pistils flottent libres tout à fait au centre de la fleur. Ce sont ces deux parties qui sont les plus importantes; ce sont elles qui produisent la graine.

C'est dans la fleur qu'il y a le plus d'activité et de vie; aussi remarquons-nous toujours que la graine et les parties environnantes sont les plus nourrissantes, et celles que les animaux mangent de préférence; nous nous souviendrons, pour nos fourrages, que c'est à l'époque de leur pleine floraison qu'ils sont le plus profitables: car, passé cette époque, ils ne poussent plus, ils ne font que durcir.

Quand la fleur est restée ouverte pendant un certain temps, les feuilles de la corolle tombent ainsi que les étamines; bientôt on ne voit plus, à la place de la fleur et tout à fait au centre de cette dernière, qu'un mince filet renflé à la partie inférieure. Ce filet ne tardera pas non plus à se dessécher et à tomber; il ne restera que la partie renflée, qui se développera pour former le fruit ou la graine. Elle grossit petit à petit, à mesure que la nourriture lui arrive; puis, ayant atteint une certaine grosseur qui varie selon l'espèce de plantes, elle n'augmente plus, elle mûrit, comme on dit, c'est-à-dire qu'elle devient capable de reproduire une plante semblable à celle qui lui a donné naissance.

<h3 align="center">20e Leçon.—Différentes espèces de Plantes cultivées.</h3>

Dans les climats tempérés, les plantes qui intéressent le cultivateur et qui font l'objet de ses travaux peuvent se diviser en trois grandes classes : 1° *les plantes de grande culture;* 2° *les plantes de culture jardinière;* 3° *les arbres fruitiers.*

Plantes de grande Culture. A cause de leur importance et de la place qu'elles occupent dans la grande culture, nous citerons en premier lieu les *céréales* : ce sont des plantes dont la graine sert à la nourriture de l'homme et des animaux. Selon l'époque du semis, on a les céréales *d'automne* et les céréales de *printemps* : les premières sont confiées à la terre en automne, les autres au printemps.

Parmi les céréales d'au'omne, on a le blé et le seigle ; et parmi les céréales de printemps, l'orge, l'avoine, le maïs et le sarrazin. Il y a aussi l'orge d'automne ou escourgeon, comme on a le blé de printemps ou blé de mars.

Après les céréales et par rang d'importance viennent les *plantes sarclées*, qu'on appelle aussi *racines fourragères*, à cause de l'importance de cette partie de la plante, qui sert à l'alimentation de l'homme et des animaux domestiques. Elles ont reçu le nom de plantes sarclées parce que, pendant la végétation, elles demandent des sarclages fréquen's, une terre souvent remuée et nette à sa surface. Les principales sont : la pomme de terre. la betterave, la carotte, le navet.

Viennent ensuite les plantes des *prairies artificielles*, cultivées et récoltées pour fourrage, soit pour être consommées en vert, soit pour être converties en foin : ce sont le trèfle, la luzerne, le sainfoin, la minette, etc. Comme plantes fourragères cultivées, il y a encore les pois, la vesce, la féverolle. Les autres plantes fourragères, dont le nombre est considérable, poussent naturellement et sont récoltées dans les *prairies naturelles*.

Selon les contrées, la qualité du terrain et aussi certaines circonstances particulières, on cultive encore d'autres plantes que l'on ne consomme pas à la maison. mais qui sont livrées au commerce pour servir à telle ou telle industrie. C'est ainsi qu'il y a les *plantes textiles*, pour la fabrication des toiles : ce sont le chanvre et le lin ; les *plantes oléagineuses*, pour la fabrication de l'huile : ce sont le colza, la navette et le pavot œillette ; les *plantes tinctoriales*, employées dans la teinturerie : ce sont la garance, la gaude, le pastel, etc. ; et plusieurs autres plantes ayant différents usages, tels que la betterave, pour la fabrication du sucre ; le tabac, le houblon, le chardon à foulon, la chicorée à café, etc., etc.

Plantes de culture jardinière. — Afin de procéder avec un peu d'ordre dans la désignation de ces plantes, nous les classerons par groupes renfermant chacun celles cultivées pour la même partie. Nous aurons ainsi les plantes cultivées pour leurs racines : ce sont la pomme de terre, la carotte, le navet, la rave, le radis, l'ail, l'échalotte, l'oignon ; celles dont on n'utilise que la tige : tels sont l'asperge, l'artichaut, le poireau ; celles récoltées pour leurs feuilles : ce sont les différentes espèces de salades, le persil, le cerfeuil, le céleri, les choux ; celles dont on n'utilise que la fleur : tel est le chou-fleur ; celles dont on récolte les fleurs et les graines : ce sont les pois, la fève, le haricot, le fraisier, le melon, le cornichon et la citrouille. Toutes les plantes que nous venons d'énumérer sont désignées sous le nom général de *légumes* ou de *plantes potagères*.

On trouve souvent aussi, dans les jardins, soit dans une partie réservée, soit le long des allées, dans les plates-bandes, des plantes cultivées pour la beauté de leurs fleurs ou leur parfum; ces plantes sont désignées sous le nom de *plantes d'ornement* ou *d'agrément*. Les principales sont : la rose, la tulipe, la jacinthe, l'iris, la violette, la pensée, l'œillet, etc., etc.

Quelquefois aussi, et c'est là une bonne pratique, on cultive dans le jardin des plantes employées en médecine dans les maladies les plus communes ; on les appelle *plantes médicinales*. Nous citerons le bouillon-blanc, la mauve, la guimauve, la bourrache, la camomille, etc. etc.

Arbres fruitiers. — Il n'y a pas de maison de culture sans arbres fruitiers : il importe donc d'en connaître les différentes espèces. Ils se divisent en deux classes : les arbres à fruits à *pépins*, et les arbres à fruits à *noyau*. Parmi les premiers on trouve le pommier, le poirier ; parmi les autres, on a le pêcher, l'abricotier, le cerisier, le prunier, le noyer et le noisettier. En dehors de ces deux classes, il y a encore le framboisier, le groseillier et la vigne, qui ne sont pas des arbres, mais des arbustes fruitiers.

Les arbres à fruits, selon leur mode de culture, se divisent aussi en arbres de *haut-vent*, et en arbres *nains* ou d'*espalier*. Les premiers, une fois plantés et greffés, sont abandonnés à eux-mêmes ; ils végètent naturellement, et sont cultivés dans les vergers. Les autres subissent l'opération de la taille, et demandent des soins continuels ; ils sont cultivés dans les jardins, les plates-bandes et le long des murs.

Dans le Midi, on cultive encore d'autres arbres fruitiers qui, dans nos climats, périraient faute de chaleur : ce sont l'olivier, dont le fruit sert à la préparation de l'huile d'olive ; le mûrier, dont les feuilles servent à la nourriture des vers-à-soie ; l'oranger, le figuier, etc. dont les fruits sont recherchés.

CHAPITRE VII.

REPRODUCTION DES PLANTES CULTIVÉES.

21e Leçon. — Différents modes de Reproduction.

Toutes les plantes que nous avons énumérées dans le chapitre précédent ne se reproduisent pas, dans la pratique, de la même manière ; on a recours à certains modes ou moyens qui ont sur les moyens naturels des avantages plus ou moins importants dont il faut profiter lorsque la chose est possible.

Pour mutiplier un végétal, on fait des *semis* ou des *plantations*. Avec ce dernier mode de reproduction, on emploie, selon les circonstances et l'espèce de plantes, les *graines*, les *bulbes*, les *caïeux*, les *tubercules*, les *rejetons*, les *œilletons*, les *éclats de touffes ou de racines.* On reproduit encore un végétal par la *marcotte,* la *bouture* et la *greffe.*

Semis. — Semer, c'est jeter en terre des graines mûres, afin qu'elles reproduisent des végétaux semblables à ceux qui leur ont donné naissance.

Les semis se font de deux manières : avec la main seule, ce qu'on appelle *semer à la volée,* et avec des instruments spéciaux ; on sème alors en *lignes.* Le semis à la volée est le plus généralement employé. Pour le bien exécuter, il faut que le semeur répande la semence bien uniformément et qu'il ne laisse vague aucune place du terrain ; ces résultats ne seront atteints qu'autant qu'il prendra ses poignées égales, qu'il marchera régulièrement, et qu'il imprimera à son bras toujours le même mouvement.

Pour faire les semis à la volée, on doit choisir un temps calme, car le vent peut porter la semence ailleurs qu'à l'endroit auquel on la destinait. Cependant, on peut être contraint de semer par un temps agité : dans ce cas, il faut marcher et jeter sa semence dans la direction du vent.

Quelques graines, telles que celles de pissenlit, portent des espèces de poils qui les font tenir ensemble et s'opposent à un semis uniforme : il faut alors, avant de semer, frotter ces graines dans la main avec des cendres froides ou du sable fin.

Les graines fines, comme celles de pavot, de carotte, etc. se répandent mélangées avec de la terre fine ou du sable : on évite ainsi un semis trop dru.

Il convient de semer par un temps sombre, annonçant une pluie prochaine. Avant de confier la semence à la terre, cette dernière sera bien divisée, bien ameublie, bien nettoyée, et présentera autant que possible une surface unie. Plus une graine sera fine, moins elle devra être enterrée. Pour pratiquer cette dernière opération, on emploie la herse dans la grande culture, et le râteau dans le jardinage.

Pour les semis en lignes, on fait usage d'instruments spéciaux appelés *semoirs.* Un des plus simples et des plus répandus est le *rayonneur* : il se compose d'un essieu à deux roues portant une courroie qui transmet le mouvement à un axe auquel sont adaptées des boîtes cylindriques percées de trous sur leur contour. La semence, mise dans ces boîtes, tombe dans un tuyau terminé en cuillère qui la dépose dans la terre, en un petit sillon creusé par le même tuyau : ce sillon se remplit par lui-même, et la roue du rayonneur, en passant dessus, fait l'office de rouleau.

Les semis en lignes sont surtout avantageux pour les plantes sarclées et pour celles qui réclament une terre remuée rendant leur végétation.

Avant de faire usage du semoir, la terre à ensemencer doit être hersée, autrement la graine serait recouverte très-irrégulièrement, et l'opération du semis serait rendue beaucoup plus difficile.

Plantations. — Planter, c'est déposer en terre, soit avec la main, soit avec des instruments spéciaux, des graines ou des plantes que l'on veut faire végéter.

Les modes de plantation sont différents selon la partie du végétal à laquelle on fait subir cette opération.

1° *Plantations des graines.* — Elle devrait se faire presque exclusivement avec la bêche ; mais plus généralement elle se fait à l'aide du plantoir, instrument défectueux qui consiste en une petite tige de bois effilée par un bout et souvent recourbée à l'autre, afin de faciliter l'emploi de l'instrument ; quelquefois le bout effilé est garni d'une ferrure. On recouvre la graine plantée soit avec la bêche, le râteau, la herse, la houe et la binette, soit en arrosant avec le goulot de l'arrosoir dépourvu de pomme le bord du trou où gît la graine : la terre est entraînée par l'eau, et le trou se trouve ainsi rempli.

La plantation des graines est rarement usitée dans la grande culture : on préfère l'emploi des semoirs mécaniques ; mais elle est d'un fréquent usage dans le jardinage.

2° *Plantation des bulbes et des caïeux.* — On appelle *bulbe* un petit corps charnu, plus ou moins arrondi, qui peut reproduire une plante semblable à celle d'où il provient, exemples : l'oignon, la tulipe. Les *caïeux* sont plusieurs petits bulbes réunis, qui peuvent se détacher et reproduire séparément un sujet semblable, exemple : l'ail.

La plantation des bulbes et des caïeux est peu différente de celle des graines : elle peut se faire soit à la bêche, soit seulement à l'aide de la main. Dans ce dernier cas, tenant le bulbe ou le caïeu dans l'intérieur de la main, on réunit l'extrémité des doigts et on les enfonce dans la terre ; on laisse ensuite tomber le bulbe ou le caïeu dans le trou qui en résulte, en observant de placer la racine vers le bas, et on recouvre.

3° *Plantation des tubercules.* — On donne le nom de *tubercules* aux renflements produits par les tiges souterraines de quelques plantes ; ces renflements, détachés et mis en terre, peuvent reproduire la plante : exemple, la pomme de terre.

La plantation des tubercules peut se faire de deux manières : en fosses et à la charrue.

La plantation en fosses se pratique en creusant, avec la bêche ou la houe, des trous ou fosses dans lesquelles on dépose les tubercules, qui sont ensuite recouverts avec les mêmes instruments. Ce mode de plantation, pour être expéditif, demande le concours de deux personnes : l'une fait les trous et les remplit, l'autre dépose les tubercules.

La plantation à la charrue est beaucoup plus expéditive ; elle se fait de la manière suivante : une personne munie de tubercules suit la charrue en marchant dans la raie tracée ; elle dépose de distance en distance, non pas au fond, mais sur le côté et environ aux deux tiers de la profondeur de la raie, des tubercules qui seront recouverts par la charrue, lorsqu'elle tracera le sillon voisin. Pour que les lignes de pommes de terre soient suffisamment espacées, on ne déposera les tubercules que de trois en trois raies, et afin d'en rendre la culture facile, on fera en sorte que les tubercules déposés soient en lignes aussi bien en largeur qu'en longueur, aussi bien dans le sens opposé aux raies qu'en suivant celles-ci.

4° *Plantation des rejetons, des œilletons, des éclats de touffes ou de racines.* On appelle *rejetons* des pousses que produisent certains végétaux à une distance plus ou moins grande du pied-mère; exemples: les pruniers, les cerisiers. Des pousses semblables, lorsqu'elles se développent sur la souche même du pied-mère, portent le nom d'*œilletons*; exemples: les noisettiers, les framboisiers, les groseilliers, les fraisiers; les œilletons de ces dernières plantes rampent sur la terre, et, s'enracinant de distance en distance, de deux nœuds en deux nœuds, donnent naissance à de nouveaux fraisiers: ils s'appellent *coulants*. Les *éclats de touffes et de racines* sont des portions plus ou moins considérables des touffes ou des racines, que l'on détache, et qui sont destinées à végéter à part: l'oseille, le fraisier, le buis, la guimauve, admettent ce mode de reproduction.

Les rejetons, les œilletons, les éclats de touffes et de racines doivent être détachés et séparés du pied-mère avec précaution. Il faut, autant que possible, ménager le chevelu; et, lors de la plantation, on apportera tous ses soins à enterrer convenablement ce chevelu, qui a une très-grande influence sur le succès de l'opération. Cependant, pour la multiplication des pruniers, il est préférable d'avoir recours à la plantation des noyaux; car les arbres provenant de ces derniers rejettent beaucoup moins.

Marcotte. — On appelle *marcotte* une branche qui, couchée en terre sans être séparée du pied-mère, prend racine, et, étant ensuite coupée, donne un végétal semblable tout formé.

On comprend facilement quel temps on gagne à marcotter les plantes qui sont susceptibles de l'être. En effet, pour avoir la taille et le volume d'une marcotte, il faut du temps à une graine.

Pour marcotter, on choisit, assez près de terre, une branche bien formée sans être trop ligneuse; on la courbe avec précaution, sans la briser, et on la couche dans un trou préparé à l'avance, ayant quelques centimètres de profondeur. Si la branche ainsi courbée oppose une trop grande résistance, on la maintient avec un crochet. On a eu soin préalablement d'enlever les feuilles de la partie destinée à être enterrée, et, afin de hâter ou de favoriser le développement des racines, on pourra encore la tordre ou la fendre, surtout si l'écorce est épaisse et dure. On recouvre ensuite de terre, et on redresse autant que possible l'extrémité libre de la branche, qui devra avoir deux ou trois yeux hors de terre. On sépare la marcotte du pied-mère à l'époque de la transplantation des végétaux ; elle est alors devenue un véritable rejeton, demandant les mêmes précautions et les mêmes soins. Il est bien entendu que la séparation, qui doit se faire en plusieurs fois, n'aura lieu que quand les racines se seront bien formées : on s'en assurera en dégarnissant le pied de la marcotte ; si l'on juge que la reprise n'est pas suffisante, on recouvre avec de la terre bien meuble.

Bouture. — On nomme *bouture* un fragment, un bout de végétal qui peut reproduire une plante semblable à la plante-mère, quand il se trouve mis en terre dans des conditions convenables ; c'est un rejeton improvisé. La seule différence d'une bouture avec une marcotte consiste en ce que cette dernière, pour former ses racines, se nourrit aux dépens du pied-mère, tandis que la bouture est abandonnée à ses propres forces.

Le bouturage est tout aussi avantageux que le marcottage ; il est même plus simple ; on devra y recourir chaque fois que les plantes le permettront. Pour le pratiquer, on coupe, quelques jours à l'avance les parties du végétal que l'on veut faire servir de boutures ; la coupure doit être bien nette et horizontale ; elle se fait immédiatement au-dessous d'un œil. Les branches ou rameaux pour boutures porteront au moins quatre ou cinq yeux. La vigne et le groseillier admettent très-bien ce mode de reproduction.

Greffe. — La *greffe* est une opération par laquelle on force un végétal à vivre aux dépens d'un autre à peu près de même espèce. Ce dernier porte le nom de *sujet*, et l'autre s'appelle *greffe* ou *écusson*.

Il faut bien remarquer que l'opération de la greffe ne peut avoir lieu qu'entre deux végétaux de la même espèce, par exemple, un pommier greffé sur un pommier sauvage, un abricotier sur un prunier; mais pas un cerisier sur un poirier, parce que ces deux arbres sont d'espèces différentes.

Pour greffer, on se sert d'un couteau particulier appelé *greffoir*, et, à défaut, d'un couteau ordinaire à bon tranchant. Le greffoir est muni d'une petite languette en bois, en os, en acier ou en fer; elle sert pour soulever l'écorce des arbres : la pointe d'un couteau peut remplir le même office. Le jardinier de profession a encore une scie à main plus épaisse aux dents qu'au dos, qui lui sert pour couper les sujets trop vigoureux ; cette scie s'appelle *égohine*. Il a aussi une serpette pour égaliser et aviver la coupure de la scie. Pour nous, une serpe ou une hache remplacera l'égohine, et un couteau la serpette.

Quand la greffe est posée sur le sujet, on la maintient avec des liens, et on aide la plaie à se cicatriser en l'entourant d'une matière spéciale appelée *mastic* ou *cire à greffer*. Les meilleurs liens à employer sont l'écorce de chanvre filée et non filée, l'écorce de tilleul, la laine; et, pour cire à greffer, on peut faire usage d'excréments ou bouse de vache mélangée avec la terre glaise et ayant la consistance du mortier.

Il y a plusieurs espèces de greffes, mais nous n'étudierons que les deux principales, parce qu'elles suffisent dans la pratique : ces deux espèces sont la *greffe en fente* et la *greffe en écusson*.

1° *Greffe en fente*. On commence par faire choix d'un rameau bien *aoûté*, c'est-à-dire bien formé, de bonne constitution, et provenant d'un arbre dont on veut multiplier l'espèce. Ce rameau, qui doit former notre greffe, sera muni de trois ou quatre yeux au plus; on le prépare comme il suit : on réserve au-dessous de l'œil inférieur un tronçon de un ou deux centimètres; on le taille, à partir de l'œil et sans endommager ce dernier, en forme de coin mince : une lame de couteau très-épaisse peut donner une idée de cette taille, laquelle pourra présenter à sa partie supérieure deux petits rebords horizontaux qui aideront à maintenir la greffe sur le sujet. On coupe alors ce dernier bien horizontalement et à une hauteur convenable, et, vers le milieu de cette coupe, on pratique, le plus verticalement possible, une fente bien nette et profonde de quelques centimètres, d'où est venu le nom de greffe en fente. Pour maintenir la fente ouverte, on se munit d'un petit coin de bois que l'on y place de manière à pouvoir mettre facilement la greffe.

Il reste maintenant à faire la partie la plus délicate de l'opération, celle qui a le plus d'influence sur la reprise : c'est la fixation de la greffe sur le sujet. On commence par introduire la partie taillée de la greffe dans la fente du sujet, sur le bord de celui-ci, de façon que les deux écorces se touchent intérieurement, sans quoi l'opération est manquée. La greffe étant posée, on ôte le coin qui maintenait la fente ouverte, on jette un coup d'œil pour s'assurer que la greffe est toujours convenablement placée, on recouvre de mastic pour que la plaie et la fente ne soient pas exposées à l'air, et ce mastic est maintenu par quelques tours faits avec un des liens dont nous avons précédemment parlé.

La greffe en fente a lieu principalement au printemps, à la reprise de la végétation, et quelquefois en automne, lorsqu'il reste encore un peu d'activité à la sève. Cette sorte de greffe réussit à peu près avec toutes nos espèces d'arbres fruitiers.

2° *Greffe en écusson.* Ce genre diffère du précédent en ce que la greffe, au lieu d'être un rameau, est tout simplement un œil ou bouton. Selon que l'opération a lieu quand la sève est en activité ou lorsqu'elle est en repos, on dit que la greffe est à *œil poussant* ou à *œil dormant* ; la manière d'opérer reste la même.

L'écussonnage, ainsi que la greffe en fente, comprend trois opérations : la préparation de l'œil ou écusson, celle du sujet, la fixation de l'écusson au sujet.

Notre écusson sera un œil bien formé et sain, provenant de l'arbre dont nous voulons créer un autre individu ; on le choisira vers le milieu d'une branche plutôt qu'aux extrémités, et on n'y laissera qu'une partie de la queue de la feuille qui l'accompagne. Pour détacher l'œil de la branche, on prend celle-ci d'une main et le couteau de l'autre ; on limite en haut et en bas la longueur de l'écusson, qui aura trois ou quatre centimètres avec le bouton vers le milieu. Un coup de couteau à chaque bout suffit : il se donne en tenant l'instrument perpendiculairement à la direction de la branche. Cela fait, on pose la lame, en l'inclinant un peu, à la limite supérieure de l'écusson, et on tient le manche du couteau à pleine main, n'ayant de libre que le pouce, que l'on appuie sur la branche. Après s'être bien conformé aux indications ci-dessus, on fait glisser la lame entre l'écorce et le bois jusqu'à la limite inférieure : l'œil se détache ainsi de la branche. On l'enlève en le tenant par le bout de la queue de la feuille resté adhérent, et, par un coup d'œil jeté en dessous, on s'assure qu'il se trouve dans de bonnes conditions pour reprendre ; il faut pour cela que le derrière de l'œil porte un peu de bois : c'est ce qui constitue le germe, sans lequel la reprise serait impossible. Dans tout le reste de l'écusson, le dessous de l'œil doit être à nu.

Le sujet étant choisi, on remarque sur sa tige un endroit où l'écorce soit bien lisse et sans nœuds ; on coupe cette écorce jusqu'à l'aubier ou bois dans le sens du tour de l'arbre, et sur une longueur de quelques centimètres. En dessous, vers le milieu et à partir de cette coupe, on en fait une autre dans le sens de la tige, en allant vers le pied ; cette seconde fente aura aussi quelques centimètres de longueur, de sorte que les deux dessineront sur l'arbre la lettre T. On introduit ensuite, sous l'écorce et de chaque côté des deux coupes, la pointe du couteau ou la languette du greffoir : l'écorce se détache alors du tronc, et on n'éprouvera aucune difficulté dans l'introduction de l'écusson. Pour fixer celui-ci au sujet, on met la pointe du couteau sous l'écorce à la rencontre des deux fentes, on soulève un des côtés sous lequel ou place le côté correspondant de l'écusson dans sa position naturelle; on fait de même pour l'autre côté. Alors, sans exercer de pression, on applique l'écorce du sujet sur l'écusson, de manière que l'œil soit seul à peu près visible. Il ne reste plus qu'à lier, sans trop serrer, par quelques tours de liens faits en s'entrecroisant au-dessus et au-dessous de l'œil.

Lorsqu'il se développe des branches sur le sujet au-dessous de la greffe, on doit les couper, car elles se nourrissent aux dépens de cette dernière.

Dans la greffe à écusson à œil poussant, on coupe immédiatement la tête du sujet un peu au-dessus de l'écusson, tandis qu'à œil dormant, on peut attendre le printemps suivant.

22ᵉ Leçon. — Renseignements divers.

Il ne suffit pas de connaître les modes de reproduction des plantes cultivées; il faut aussi savoir les appliquer de la manière la plus avantageuse, ne pas ignorer certaines particularités les concernant, telles que l'époque de la mise en terre, la quantité de semence ou de pieds à employer. Ces choses ne s'apprennent bien que par la pratique; car, pour quelques-unes surtout, il est une foule de circonstances qui peuvent les faire varier. Nous allons cependant donner quelques indications approximatives, destinées à éclairer les cultivateurs inexpérimentés; le reste viendra par la pratique.

On a recours au semis pour le plus grand nombre des plantes cultivées. Ainsi toutes les céréales, toutes les plantes sarclées excepté la pomme de terre, toutes les prairies artificielles et naturelles se sèment. Parmi les plantes potagères, la rave, le radis, les salades, l'oignon, le poireau, le persil, le cerfeuil, la carotte, le navet, le chou, l'oseille, se sèment aussi, et parmi les arbres fruitiers, ceux à pépins.

Toutes ces plantes, à l'exception toutefois de celles des prairies naturelles et artificielles, pourraient se semer en lignes, quoiqu'on n'ait pas l'habitude de le faire, surtout pour les céréales. Il y aurait cependant avantage : on ferait une économie de semence et on faciliterait les sarclages. Mais, pour opérer ainsi avec les céréales, il faudrait un semoir permettant de donner peu de distance aux lignes. Quant aux plantes cultivées dans les jardins, on les sème à la volée, parce que l'emploi des semoirs mécaniques serait impossible.

La quantité de semence à employer est la suivante :

Céréales : de deux à trois hectolitres par hectare ;
Plantes sarclées : 10 à 12 kil. par hectare;
Trèfle et sainfoin : 20 à 25 k.   »
Luzerne : 30 à 40 k.   »
Pois, vesces, féverolles : 250 à 300 litres par hectare.
Plantes potagères : 100 à 120 grammes par are.
Arbres fruitiers : 200 à 300   —
L'époque des semis est :
Céréales d'automne : *septembre et octobre.*
Céréales de printemps : *mars et avril.*
Plantes sarclées : *mars, avril et mai.*
Prairies artificielles et naturelles : *mars et avril.*
Plantes potagères : *février et tout le printemps ;* il y a même certaines de ces plantes que l'on sème tout l'été.
Arbres fruitiers : *février et mars.*

Il y a aussi ce que l'on appelle les *cultures dérobées,* qui n'entrent pas dans l'assolement, et qui se font sur un terrain laissé libre par une récolte. Ainsi, le navet, le sarrasin, se récoltent souvent en culture dérobée après une céréale. Dans ce cas, le semis a lieu le plus tôt possible.

De toutes les plantes de la grande culture, il n'y a que la pomme de terre qui se plante. Cette plantation a lieu en mars et avril, dans la proportion de 150 à 200 pieds par are.

Au jardin, on plante l'ail et l'échalotte, à raison de

400 à 500 pieds par are, aux mois de février et mars; l'artichaut et les asperges, à la même époque, à raison de 150 à 300 pieds par are : les pois, en février, à raison de 2,000 à 3,000 pieds ; les fèves et les haricots, en avril et mai, à raison de 1,500 à 2,000 pieds; les cornichons, en mai, à raison de 200 à 250 pieds.

Parmi les arbres fruitiers, ceux à noyau se plantent en octobre et novembre, dans la proportion de 800 à 1,000 pieds par are. Cette plantation, ainsi que le semis des autres arbres dont nous avons parlé tout à l'heure, n'est que temporaire : elle a lieu dans les *pépinières*, afin de donner des sujets pour les greffes.

La marcotte, la bouture et la greffe ne s'appliquent qu'aux arbres et aux arbustes ; ces opérations se pratiquent à des époques variées, mais principalement au printemps et à l'automne. On applique la marcotte à la vigne et au groseillier ; la bouture, au buis, à la vigne, au groseillier et au framboisier ; la greffe, au pommier, poirier, cerisier, prunier, abricotier et pêcher.

CHAPITRE VIII.

SOINS PENDANT LA VÉGÉTATION.

Lorsqu'on a confié les plantes à la terre, tout n'est pas fait, tant s'en faut : elles réclament, pendant le cours de leur végétation, des soins nombreux, différents suivant les espèces, et indispensables, si l'on veut obtenir des produits abondants et de bonne qualité.

Ces soins, considérés d'une manière générale, se divisent en deux catégories : 1° soins nécessitant le travail de la terre ; tels sont les *hersages*, les *binages*, le *buttage*, les *roulages*, les *façons*, le *sarclage* ; 2° soins ne nécessitant aucun travail de la terre ; tels sont les *éclaircissages*, la *transplantation* ou *repiquage*, la *taille*, les *soutiens* ou *tuteurs*, les *arrosages*, la *destruction des insectes et des animaux nuisibles*.

23ᵉ Leçon.—Soins se rapportant à la terre.

Nous avons traité, dans le chapitre du *Travail de la terre*, des hersages, du binage, du buttage, du roulage et des façons ; nous renvoyons à ce chapitre pour toutes ces opérations.

Sarclage. — Dans un champ cultivé, les mauvaises herbes se développent quelquefois si rapidement et si abondamment, qu'elles auraient bientôt compromis ou détruit la récolte, si on ne se hâtait de les faire disparaître. C'est par le sarclage que l'on obtient ce résultat.

Selon les circonstances et la nature des plantes, le sarclage se fait à la main ou avec un instrument appelé *sarcloir*, qui a tout à fait la forme d'une binette, sinon qu'il est plus petit et muni d'un manche plus court. A défaut de cet instrument, on peut se servir d'une fourchette dont les dents ont été préalablement recourbées. On emploie aussi quelquefois, surtout dans la grande culture, la houe et la binette. Quels que soient le mode d'opérer et l'instrument employé, il faut veiller à ne pas froisser, écraser, mutiler ou arracher les bonnes plantes avec les mauvaises ; dans ce cas, le remède serait pire que le mal.

Pour pratiquer le sarclage, on ne doit pas attendre que les mauvaises herbes aient acquis tout leur développement ; il en résulterait deux graves inconvénients : 1° elles auraient végété aux dépens de la récolte, et, comme elles deviennent généralement vigoureuses, elles étoufferaient les bonnes, que l'on pourrait aussi déraciner plus facilement par le sarclage ; 2° si elles parcourent toutes les phases de leur végétation, elles portent graine, se reproduisent ; et, en les arrachant, on n'empêche pas leur multiplication. Le moment le plus propice pour le sarclage est celui ou les mauvaises herbes peuvent être saisies avec la main ou distinguées d'avec les bonnes.

24ᵉ Leçon. — Soins n'exigeant pas le travail de la terre.

Eclaircissage. — Lorsqu'un semis est trop serré ou trop *dru*, comme on dit, les plantes souffrent, et, si on n'en enlève pas, la récolte sera dans de mauvaises conditions. Il y a donc lieu d'avoir recours à l'éclaircissage, opération qui consiste à arracher par ci par là les plantes les moins vigoureuses, afin de faire place aux autres, qui se développeront mieux.

L'éclaircissage se fait de la même manière et avec les mêmes instruments que le sarclage.

On est quelquefois obligé, à mesure que les plantes prennent du développement, de faire des éclaircissages successifs; dans ce cas, il ne faut pas craindre de sacrifier quelques pieds : les autres en profiteront et donneront un rapport bien supérieur en qualité et en quantité. Tels sont les betteraves, les carottes, les navets, dans la grande culture; les oignons, les raves, les poireaux, etc., dans la culture potagère.

Si l'éclaircissage est avantageux et nécessaire à certaines plantes, à d'autres il est plutôt nuisible qu'utile : telles sont les plantes des prairies naturelles et artificielles; car un semis dru rend un fourrage plus abondant, plus tendre, et par conséquent meilleur. Il en est de même de quelques autres plantes, le chanvre et le lin, par exemple. On peut dire d'une manière générale que l'éclaircissage convient et profite aux plantes qui doivent acquérir du volume ou de la vigueur.

Dans quelques pays, on pratique un hersage sur les blés au printemps, et l'on fait bien. La herse arrache quelques pieds, c'est vrai; mais les autres se trouvent ainsi éclaircis; ils talleront mieux, la récolte n'en sera que meilleure.

Transplantation. — Quelques plantes, les choux, les chicorées, les poireaux, etc., demandent, pour se développer convenablement, à être changées de place lorsqu'elles ont acquis un certain volume.

Ce changement de place porte le nom de *transplantation* ou de *repiquage*. Il se fait à l'aide de la bêche, par un temps humide ou annonçant une pluie prochaine ; autrement, les plantes transplantées seront arrosées lorsqu'on les mettra en terre, ou la reprise n'est pas certaine.

Il est un système économique de transplantation qui est souvent praticable dans le jardinage : il consiste à placer les plantes repiquées entre les lignes d'autres plantes cultivées qui doivent bientôt disparaître, par exemple, dans un terrain occupé par des pommes de terre précoces. On est ainsi dispensé de laisser du terrain improductif en attendant l'époque de la transplantation.

Les arbres fruitiers, en sortant de la pépinière, sont aussi transplantés; il arrive même souvent que l'on fait subir cette opération à des arbres âgés, ayant atteint toute leur grosseur. Cette plantation se fait de la manière suivante :

L'arbre est d'abord arraché avec précaution, en conservant le chevelu aux racines, et en y laissant, autant que possible, une petite quantité de terre adhérente. Le trou aura au moins un mètre carré de surface, et une profondeur de 0^m80 à 1 mètre. En le creusant, on déposera la bonne terre d'un côté, et la plus profonde, le sous-sol, de l'autre. Au moment de la transplantation, on remettra cette mauvaise terre au fond du trou, puis une certaine couche de bonne terre, et on déposera dessus l'arbre à transplanter. On recouvre les racines avec la terre restante, en tassant légèrement, et en formant une petite motte autour du pied. On arrosera pendant quelques jours pour assurer la reprise; on détruira, à mesure qu'elles se développeront, les mauvaises herbes qui voudraient pousser sur la terre remuée.

Taille.--C'est une opération que l'on pratique sur les arbres fruitiers, et qui consiste à couper des branches ou des parties de branches, afin de favoriser la production des fruits. Quelquefois, au lieu de couper, on casse partiellement ou totalement les branches: alors l'opération porte le nom de *casse-ment*; ou, à l'aide des ongles, on enlève l'extrémité encore tendre des rameaux, ce qui s'appelle *pincer*.

Chaque espèce d'arbres fruitiers demande pour ainsi dire une taille spéciale, dont l'étude ne peut trouver place dans cet ouvrage; nous ne pouvons que renvoyer à des traités spéciaux ; nous nous conten-terons de donner quelques conseils pratiques sur cette branche importante du jardinage.

La taille des arbres se fait surtout à deux époques : à la fin de l'hiver, avant la reprise de la végétation, et dans le courant de l'été, pendant que la sève est en activité.

La taille d'hiver a pour but de former la charpente des arbres, et de régler la production fruitière de l'année. La taille d'été règle la marche de la sève pour que ce liquide nourricier profite le plus possi-ble aux fruits.

La taille se pratique, soit avec un couteau appelé *serpette*, à lame forte et recourbée à l'extrémité; soit à l'aide d'une espèce de ciseaux solides et tranchants que l'on nomme *sécateur*. Quand on taille, on place la lame de la serpette ou le tranchant du sécateur dans une position inclinée, et vis-à-vis la base de l'œil qui terminera le rameau taillé, du côté opposé de la branche; on remonte en maintenant l'instru-ment dans la même position. La branche se coupe, et la plaie vient se terminer à la hauteur du sommet de l'œil. En opérant ainsi, ce dernier reste intact, n'est nullement compromis, et se trouve dans de bon-nes conditions pour se développer.

Un arbre fruitier porte deux espèces d'yeux : les yeux à bois et les yeux à fruits. Il importe de savoir distinguer les uns des autres, afin de régler par la taille la production et le développement de ces **yeux**.

Un œil à fruit est gros, court et fort bombé, tandis qu'un œil à bois est mince et effilé.

C'est surtout en pratiquant et en voyant à l'œuvre les jardiniers de profession que l'on s'apprendra à tailler, et que l'on connaîtra toutes les ressources de la taille.

Tuteurs ou Soutiens.—Certaines espèces de pois ou de fèves ont besoin, pour se développer et donner leur maximum de rapport, d'être soutenues par des tuteurs en bois qui portent le nom de *rames*. Pour les pois, les rames sont des branches munies de leurs rameaux, et ayant une hauteur de 1 à 2 mètres. Pour les fèves, ce sont de minces tiges de bois à peu près droites, dépourvues de rameaux, et hautes de 3 à 4 mètres. On plante ces rames auprès de chaque pied de pois ou de fèves lorsque ces plantes portent déjà quelques feuilles, et après leur avoir fait subir l'opération du buttage.

Dans quelques circonstances, lorsque les arbres fruitiers prennent en se développant une forme disgracieuse, on les fait changer de direction à l'aide de *tuteurs*. Ces tuteurs devront être assez résistants pour maîtriser et vaincre la force végétative de l'arbre. On leur donnera la forme et la position que l'on veut faire prendre à ce dernier. Quelquefois aussi, un arbre fruitier ou au moins quelques-unes de ses branches sont tellement chargées de fruits, que leur poids pourrait les rompre : il est alors prudent de recourir à des soutiens, afin d'alléger autant que possible les branches ainsi chargées. Mieux vaudrait encore cueillir quelques fruits : les autres deviendraient plus gros et meilleurs.

Arrosage. — Nous avons reconnu, dans un chapitre précédent, l'effet de la sécheresse et de la chaleur sur les plantes, et nous avons en même temps indiqué le moyen de remédier au mal par les arrosages ; apprenons maintenant à les pratiquer. Le meilleur guide dans cette pratique est la nature, que nous devons imiter autant que possible. Elle arrose nos plantes par la pluie, qui tombe en goutelettes et régulièrement : que notre arrosoir soit disposé de façon que l'eau en tombant soit divisée, et arrive sur les plantes en forme de pluie; qu'il soit par conséquent muni d'une pomme percée de plusieurs trous d'un très-petit diamètre. En arrosant, laissons toujours sortir l'eau régulièrement, et tenons notre arrosoir en conséquence. Plein d'eau, inclinons-le peu, et élevons le fond progressivement à mesure qu'il se vide.

Quelques plantes demandent une grande quantité d'eau; d'autres ont les feuilles tellement disposées qu'un arrosage avec la pomme ne mouille pas la terre près des racines. Dans ces deux cas, on ôte la pomme pour arroser, et l'on vide avec le goulot sur le pied des plantes. On agit de même avec un plant repiqué ou sur des plantes isolées.

Les arrosages sont surtout fréquemment pratiqués dans la culture jardinière.

Destruction des Insectes et des Animaux nuisibles. — La végétation des plantes cultivées est souvent contrariée par des insectes qui se nourrissent de leur substance et les font languir, par des animaux qui les rongent, les déracinent, ou qui en mangent les fruits. Il faut donc autant que possible se débarrasser de ces insectes et de ces animaux, que l'on qualifie à bon droit de *nuisibles*.

Les principaux insectes nuisibles sont : les *chenilles*, les *pucerons*, l'*altise*, la *fourmi*, la *guêpe* et le **hanneton**.

Y a-t-il un fléau plus terrible pour les arbres fruitiers que les chenilles! En peu de temps toutes les feuilles sont dévorées et la récolte perdue par ces insectes malfaisants. Les dégâts occasionnés par les chenilles sont tellement considérables, qu'ils ont préoccupé le législateur, et qu'une loi est intervenue pour ordonner la destruction de ces ennemies de la culture. Tout propriétaire ou locataire est tenu d'écheniller ses arbres à la fin de l'hiver, avant la reprise de la végétatton, à ce moment où les toiles qui abritent les chenilles ou leurs œufs sont bien apparentes. On doit couper les branches qui les portent, et les brûler sur le champ.

Cette loi sur l'échenillage des arbres est généralement peu suivie dans les campagnes, par la raison qu'on s'occupe peu du jardinage : il s'ensuit que les

chenilles pullulent et que leurs dégâts sont considérables. Quand les cultivateurs comprendront mieux
leurs véritables intérêts, cet état de choses cessera.
Pour aggraver le mal encore, les enfants détruisent
annuellement une grande quantité d'oiseaux, les
échenilleurs par excellence. Leur grand plaisir, au
printemps et à l'été, c'est de rechercher les nids pour
prendre les œufs ou tuer les oisillons. Il est regretta-
ble de voir ces animaux, auxiliaires si précieux pour
le cultivateur, persécutés et maltraités comme ils le
sont journellement. Les parents, les instituteurs, toutes les personnes qui ont de l'autorité sur les enfants,
doivent employer tous les moyens, faire tous leurs
efforts pour obtenir que cette persécution injuste
finisse ; ils rendront ainsi un grand service à l'agriculture.

Outre l'échenillage et le concours des oiseaux, on
peut encore employer, pour la destruction des chenilles, le moyen suivant : on prend de l'eau dans
laquelle on fait fondre du savon noir en assez grande
quantité pour la faire mousser en la débattant avec
la main. De très-bonne heure, avant la chaleur du
soleil, on arrose les plantes attaquées avec cette eau,
qui a la propriété de tuer les chenilles.

La forte odeur des fleurs et des feuilles de genêt
contrarie aussi ces insectes, et ils s'éloignent des
plantes sur lesquelles on en a déposé. C'est là un
avis qu'il faut suivre à l'occasion.

Les pucerons font aussi quelquefois de grands
ravages sur certaines plantes nouvellement sorties
de terre, tels que les choux, les navets ; on s'en
débarrasse à l'aide d'un arrosage à l'eau de tabac,
ou avec quelques fortes bouffées de cette substance.
On peut aussi, par la rosée ou par un temps humide,
semer de la cendre sur les plantes attaquées, qui
seront ainsi sauvées. Il est cependant une espèce de
puceron, appelé puceron lanigère, qui attaque spécialement les pommiers, et qui résiste aux moyens
destructeurs cités plus haut. On parvient très-
difficilement à faire périr cet insecte ; le moyen le
plus efficace consiste à promener assez rapidement,

sur l'écorce des arbres attaqués, des torches de paille allumées, qui brûlent l'insecte.

Les altises sont des insectes qui vivent principalement aux dépens des jeunes choux et navets ; elles se multiplient rapidement et d'une manière prodigieuse ; on s'en débarrasse comme des pucerons.

Les fourmis, et principalement les fourmis noires, causent souvent d'assez grands ravages en automne, en se nourrissant des fruits mûrs et sucrés. Lorsqu'on découvre une fourmilière, il faut y verser, le soir, de l'eau bouillante, qui fait périr toute la société. Un insecte, appelé *carabé doré*, mérite d'être épargné, car il se nourrit principalement de fourmis.

La guêpe, de même que la fourmi, aime les fruits mûrs et sucrés, et surtout le raisin ; c'est donc aussi un hôte incommode dont il faut se débarrasser : on y parvient en versant dans les gêpiers, une fois que tous les individus sont rentrés, de l'eau bouillante qui les noie et qui les brûle en même temps.

Le hanneton est aussi très-nuisible au cultivateur, surtout lorsqu'il est à l'état de *ver blanc*, dans les terres cultivées, où il se nourrit des racines des plantes. Quand en travaillant la terre on découvre de ces insectes, il faut leur faire une guerre acharnée, et ne point en laisser de vivants. Lorsqu'au mois de Mai les hannetons sont à l'état d'insectes ailés, et qu'ils s'attachent alors aux feuilles des arbres, il faut les secouer et les écraser sans merci : on en empêchera ainsi la multiplication.

Les animaux nuisibles à l'agriculture sont .les *limaces*, les *limaçons*, les *escargots*, les *vers*, les *rats*, les *souris*, les *loirs* et quelques *oiseaux*.

Les limaces et les limaçons mangent les jeunes feuilles de presque toutes les plantes cultivées ; ils causent donc du dommage ; on doit par conséquent les détruire. On y parvient en semant de la chaux vive dans les endroits qui en sont infestés ; on en détruit aussi une grande quantité lorsque, le matin, avant la chaleur du soleil ou par un temps humide, on leur fait la chasse et qu'on les enfourche, soit à l'aide d'un morceau de bois, soit avec un fil de fer.

Dans la grande culture, c'est par les roulages que l'on peut les détruire. On doit aussi faire la chasse aux escargots et les écraser; car ils causent les mêmes ravages que les limaces.

Les vers de terre sont nuisibles en ce sens qu'ils bouleversent les terrains nouvellement cultivés, et empêchent les plantes de lever. On s'en débarrasse en arrosant avec de l'urine chaude ou avec de l'eau de brou de noix.

Les rats, les souris et les loirs sont surtout nuisibles après la récolte des grains, parce que ces animaux s'introduisent dans les meules ou dans les greniers, et y font des dégâts considérables ; ils sont aussi nuisibles à l'époque de la maturité des fruits, parce que ces derniers leur servent de nourriture. Le principal destructeur de ces animaux est un bon chat; les chats-huants leur font aussi la guerre. On peut encore employer différents pièges, dont les principaux sont le quatre de chiffre et l'assommoir.

Quelques espèces d'oiseaux, et en particulier les moineaux, becquètent, à l'époque de leur maturité, les cerises et les autres fruits à noyau ; ils sont aussi friands des différentes espèces de pois, ainsi que de la graine de quelques plantes. On s'en débarrasse à l'aide d'un fusil, ou on les éloigne avec des épouvantails faits de vieux chiffons.

CHAPITRE IX.

MATURITÉ & RÉCOLTE.

Les plantes mises en terre, après avoir été l'objet des soins dont nous avons parlé au chapitre précédent, et après un temps variable selon l'espèce, sont récoltées par le cultivateur, les unes à l'état de maturité, les autres avant d'être mûres. La récolte se fait à différentes époques et de diverses manières, dont l'étude sera l'objet de ce chapitre.

25ᵉ Leçon. — Plantes de grande culture.

Les premières plantes récoltées par le cultivateur sont celles des prairies. Le temps pendant lequel se fait cette récolte s'appelle *fenaison*. Elle a lieu au mois de juin, avant la complète maturité des plantes fourragères. Le moment le plus propice pour la fenaison est celui où les fourrages ont acquis tout leur développement, et avant qu'ils portent graine; car alors les tiges durcissent, sont moins abondantes en sève, donnent un foin plus dur et moins nourrissant.

La récolte des fourrages comprend deux opérations: la coupe des herbes ou *fauchaison*, la conversion de ces herbes en foin, ou *fanage*

La fauchaison se fait à l'aide d'un instrument appelé *faux*: il se compose d'une lame tranchante, effilée par un bout et de l'autre fixée à un manche en bois avec lequel elle forme un angle aigu presque droit. Un bon faucheur doit couper l'herbe le plus près possible de terre, et partout d'une manière uniforme. L'herbe coupée se trouve par la faux rassemblée en *endains*, que les faneurs viennent étendre sur le pré, soit à l'aide de fourches, ou avec un instrument traîné par un cheval et connu sous le nom de *faneuse*, ou *râteau à cheval*. L'herbe est ensuite, après un temps plus ou moins long réglé par le soleil, retournée avec le râteau. Cette opération, que l'on recommence à plusieurs reprises, a pour but de soumettre dans toutes ses parties l'herbe à l'action de l'air et du soleil.

Le foin est fait lorsque la dessication est complète, et non pas avancée à tel point que l'herbe se brise d'elle-même ou que les feuilles se détachent. Lorsqu'on n'est pas pour le rentrer immédiatement, on en forme de petites meules provisoires que l'on recouvre au besoin d'une botte de paille ; le foin peut ainsi supporter quelques jours de mauvais temps.

Généralemeut, il faut plus d'un jour pour la conversion de l'herbe en foin ; on est alors obligé de continuer le lendemain l'opération du fanage. Comme pendant la nuit l'herbe étendue prendrait l'humidité du sol et se couvrirait de rosée, il convient, vers le coucher du soleil, de la réunir en petits tas dans l'intérieur desquels l'air circule pour en hâter la dessication. On agit de même par un temps incertain. Les tas doivent surtout être d'un tout petit volume, et d'autant plus petits que l'herbe est plus verte, car elle pourrait s'échauffer dans l'intérieur et perdre de sa qualité.

Il n'y a guère que dans les grandes exploitations que l'on peut employer, pour la fenaison, des instruments mécaniques qui abrègent beaucoup le travail. Chez les petits cultivateurs, l'emploi de ces instruments ne serait guère possible que de la manière suivante : des entrepreneurs, parcourant les campagnes avec leurs machines, couperaient l'herbe et la transformeraient en foin moyennant une certaine somme versée par les propriétaires. La fenaison serait ainsi beaucoup abrégée et moins coûteuse que par les procédés ordinaires. Il serait à désirer que cet usage se généralisât.

Les fourrages artificiels, quand ils ne sont pas consommés en vert, subissent les mêmes opérations que les fourrages des prairies naturelles ; seulement, pour le fanage, on doit prendre plus de précaution, les feuilles se détachant de la tige très-facilement.

Très-souvent, les prairies naturelles donnent, en septembre, une seconde coupe que l'on appelle *regain*. Elle est soumise aux mêmes soins, elle exige les mêmes travaux que la première ; seulement, le fanage est généralement plus long, parce que les jours sont plus courts et moins chauds, et que l'herbe est plus aqueuse.

Après la récolte des fourrages vient celle des céréales, qui porte le nom de *moisson*. Elle a lieu en juillet et août, et dans l'ordre suivant : seigle, blé, avoine et orge. On ne doit pas attendre, pour commencer la moisson, que les céréales soient complétement mûres : on s'exposerait à perdre par l'égrenage une bonne partie de la récolte du grain, et la paille, devenue plus cassante, se brise et perd de sa valeur.

Il convient de moissonner lorsque les tiges jaunissent et que le grain se laisse assez difficilement écraser entre les doigts. Cependant la partie de la récolte destinée à la semence ne devra être coupée que lorsqu'elle sera complètement mûre.

La moisson comprend trois opérations : la *coupe*, le *javelage* et le *bottelage*.

La coupe se fait soit à la faucille, soit à la faux. La faucille est un petit instrument à lame courbe, dentelée, effilée par un bout, et portant à l'autre bout un petit manche en bois. La faux est le même instrument que nous avons décrit à propos de la fenaison, sinon qu'il porte en plus, fixé au manche près de la lame, une espèce de petit treillage en bois destiné à soutenir et à maintenir la tige des céréales pendant la coupe.

La moisson à la faucille est beaucoup plus lente que la moisson à la faux; c'est pourquoi cette dernière est préférable et se généralise de plus en plus. Avec la faucille, c'est le même ouvrier qui coupe et qui range les javelles, tandis qu'avec la faux c'est une seconde personne qui opère le javelage, lequel consiste à étendre le grain coupé, en mettant les pieds du même côté et les épis de l'autre. Ainsi placés et sous l'action de l'air et du soleil, la paille et le grain perdent leur humidité et achèvent de prendre cette coloration jaunâtre qui est un indice de leur maturité et de leur qualité.

Par des temps pluvieux, le grain en contact avec la terre tend à germer ; c'est pourquoi on est quelquefois obligé de retourner les javelles, afin que le changement de position que le grain subit contrarie et empêche cette germination. Le mieux serait encore d'avoir recours aux moyettes, dont nous parlerons tout à l'heure.

Les différentes espèces de céréales exigent un javelage plus ou moins long, variant encore selon le temps et l'état de maturité. L'avoine en particulier doit rester en javelles pendant quelques jours : elle y gagne en qualité.

Lorsque la paille et le grain sont suffisamment

secs, on procède au bottelage , opération qui consiste à rassembler une certaine quantité d'épis, et à les maintenir ensemble avec des liens préparés à l'avance. Ces liens sont généralement en paille de seigle, et quelquefois, dans les pays boisés, on fait servir à cet usage de menus brins de bouleau, de coudrier, etc., coupés en vert. La quantité d'épis contenue dans un lien s'appelle *gerbe*. Voici comment a lieu le bottelage : les liens sont d'abord étendus sur le champ, en observant de les espacer convenablement et de les mettre tous à peu près dans la même direction. Les épis rassemblés sont déposés sur ces liens, en plaçant sur chacun ce qu'il faut pour une gerbe, et en donnant à chaque gerbe la même position relative. On procède alors au liage, qui doit être fait de façon à ne pas trop briser la paille, à ne pas égrener les épis, à égaliser les pieds autant que possible, et à produire des gerbes bien tournées, qui sont ensuite déposées en tas pour être transportées.

Si l'on craint le mauvais temps, on fait ce que l'on appelle des *moyettes*. On s'y prend alors de la manière suivante :

Après avoir lié ensemble et auprès des épis trois gerbes que l'on dresse ensuite en écartant les pieds, on range autour et dans la même position quelques autres gerbes, une douzaine, par exemple. Le tas sera le plus régulier possible; les épis de toutes les gerbes seront rassemblés à la même hauteur, et occuperont bien moins de place que les pieds, de sorte que la moyette sera plus large en bas qu'en haut. Pour la préserver de l'humidité, on prend une autre gerbe très-grosse. Après l'avoir mise dans une position verticale, sur le pied, on plie, poignée par poignée, tous les épis sur le lien en tournant autour: la gerbe a alors la forme d'un grand parapluie étendu et renversé. On la dépose sur la moyette, le dessous sur la tête de cette dernière, et les épis se trouvent étendus tout autour pour la mettre à l'abri de la pluie. On peut aussi faire des moyettes avec des épis sans être réunis en gerbes ; le mode de construction est le même et les effets identiques.

Les plantes sarclées se récoltent à différentes époques, selon l'espèce.

La récolte des pommes de terre a lieu en septembre et octobre, lorsque les fanes sont complètement sèches. Cette récolte se fait à la houe, à la bêche ou à la charrue.

Lorsqu'on se sert de la bêche ou de la houe, on commence par arracher à la main les fanes de chaque pied, puis on enlève avec l'instrument la terre formant butte de l'endroit où elles étaient : les tubercules sont ainsi ramenés à la surface. On les ramasse ou on les jette avec l'instrument derrière soi sur le champ, afin qu'ils subissent quelques heures l'action de l'air et du soleil. La terre qui y était adhérente se détache alors facilement, et il ne reste plus qu'à rassembler les pommes de terre, à en former des tas, ou à les mettre dans des sacs pour le transport. La personne qui opère l'arrachage doit bien fouiller dans chaque pied, à une profondeur et à une distance suffisantes, car les tubercules sont quelquefois assez éloignés des fanes. Après avoir vidé chaque pied, on remplit le trou avec la terre enlevée, et on nivelle autant que possible le champ.

L'arrachage à la charrue est beaucoup plus expéditif, mais il ne se fait pas d'une manière aussi parfaite. Il convient que la charrue soit munie d'un double versoir : la plante se videra beaucoup mieux. Pour opérer cet arrachage, il faut que les pommes de terre soient plantées en lignes, et que l'on trace chaque raie de charrue suivant chaque ligne. Une personne suit derrière et enlève les tubercules à mesure qu'ils sont mis à découvert.

Quand l'arrachage est terminé, on ramasse les fanes, on les enlève pour le fumier ou on les brûle ; car si on les laissait étendues sur le champ, le labour qui suivrait serait rendu plus difficile.

La récolte des autres plantes sarclées a lieu en octobre et novembre, à l'approche des premières gelées. Pour les betteraves, on coupe les feuilles soit avant, soit après l'arrachage, qui se fait à la main, ou à l'aide d'un trident ou de tout autre instrument analogue. Les carottes se récoltent à peu près de la même manière, ainsi que les navets et les choux-navets.

Quant aux plantes industrielles, dont la culture est cantonnée dans telle ou telle partie de la France, et par cela même restreinte, nous n'entrerons dans aucun détail à leur égard.

26e Leçon. — Plantes de culture jardinière.

La récolte des plantes du jardin doit être considérée sous deux points de vue : 1º elle a lieu dans tout le courant de l'été, pour les besoins du ménage ; les produits ne sont pas mûrs ; 2º elle a lieu lorsque les légumes sont mûrs, soit pour la provision de la maison, soit pour la reproduction de l'année suivante.

Dans le premier cas, il faut autant que possible se conformer aux conseils pratiques suivants : pour la salade, les oignons, les carottes et quelques autres plantes, on commence par cueillir les pieds les plus vigoureux, non pas seulement à un seul endroit, mais par toute la planche cultivée, qui subira ainsi un éclaircissage dont toutes les plantes restantes profiteront. Pour les pois, les fèves, les cornichons, on commence par cueillir les premières cosses ou les premiers fruits formés, et on s'y prend de la manière suivante : tenant d'une main la cosse ou le fruit à cueillir, on maintient avec l'autre main la tige qui le porte. On évite ainsi d'imprimer une secousse à la racine, de l'arracher à demi, et par cela même de compromettre la récolte que porte le pied. Le mieux serait encore de les couper avec un instrument ayant de l'analogie avec le ciseau.

Dans le deuxième cas, on récolte successivement les différentes espèces de légumes à mesure qu'ils mûrissent. Cette récolte se fait, soit avec la houe, la binette, le trident, la bêche ; soit avec la main. L'un ou l'autre mode ne présente aucune opération compliquée ni difficile ; il faut seulement veiller à ce que les plantes récoltées ne soient ni blessées ni froissées. Le moment le plus propice pour cette récolte se reconnaît aux caractères suivants :

Pour les pommes de terre précoces, lorsque les tiges jaunissent et se dessèchent.

Pour les pois, les fèves, les haricots, lorsque les cosses sont tout à fait sèches et que les tiges jaunissent.

Pour l'ail, l'échalotte, l'oignon, lorsque les tiges jaunissent et s'affaissent sur la terre.

Pour les carottes, les navets, les choux-navets, lorsqu'on a lieu de craindre les premières atteintes de la gelée.

Pour les choux et les poireaux, on peut les laisser au jardin, la gelée n'ayant aucune mauvaise action sur eux, surtout si on se conforme aux prescriptions que nous avons données dans un chapitre précédent (chapitre 1er).

27e Leçon. — Arbres & Arbustes fruitiers.

La récolte des fruits se fait à l'époque de leur maturité, qui varie selon l'espèce; cette récolte porte le nom de *cueillette*.

Les premiers fruits mûrs sont les cerises, vers la dernière quinzaine de juin. On doit commencer la cueillette lorsqu'elles prennent la coloration naturelle à l'espèce. Si l'on voulait attendre que toutes les cerises soient mûres, on en perdrait beaucoup, par la raison que certains oiseaux, qui en sont très-avides, les becqueteraient à mesure qu'elles prendraient de la qualité.

Les groseilles et les fraises mûrissent vers le même temps ; c'est aussi leur coloration qui indique le moment de la récolte. Cependant, pour les fruits à confiture, on doit attendre quelques jours lorsqu'ils paraissent mûrs : ils deviennent plus sucrés et valent d'autant mieux.

Les abricots et les différentes espèces de prunes ne tardent pas non plus à mûrir : on en opère la cueillette lorsque des fruits sains se détachent d'eux-mêmes et tombent. Il faut alors ne pas perdre de temps, car les fourmis et les guêpes pourraient bien devancer le propriétaire.

La maturité des pêches suit de près celle des prunes ; vient ensuite celle des poires, et enfin celle des pommes, dont certaines espèces ne sont cueillies qu'en novembre. La récolte doit commencer lorsque des fruits sains tombent d'eux-mêmes : c'est un indice de leur maturité.

Le raisin mûrit de la fin d'août au mois d'octobre ; il est bon à cueillir lorsque, ayant pris sa coloration naturelle, il est resté quelques jours encore à la vigne.

La récolte des différentes espèces de fruits se fait à peu près de la même manière, et généralement à la main. Lorsque les arbres sont trop élevés, on a recours aux échelles, et enfin pour les branches que l'on ne peut atteindre même avec les échelles, on se munit d'une perche avec laquelle on agite ces branches ; les fruits se détachent et tombent. Cette sorte de cueillette porte le nom de *gaulage*. Les fruits gaulés ne doivent pas être mis avec les autres ; car en tombant d'une grande hauteur, ils se sont froissés, ce qui fait qu'ils se conservent très-peu de temps, et, en pourrissant, ils pourraient contribuer à la non conservation des autres.

On ne doit recourir au gaulage qu'à défaut d'autre moyen ; car, non-seulement les fruits gaulés, à l'exception toutefois des noix et des noisettes, ne se conservent pas longtemps ; mais on détruit encore par le gaulage un certain nombre de menues branches, lesquelles se seraient peut-être chargées de fruits l'année suivante.

Lorsque les fruits ne doivent pas être conservés, on peut en abréger la cueillette en s'y prenant de la manière suivante : on imprime à l'arbre de fortes secousses réitérées ; les fruits se détachent, tombent, et on n'a qu'à les ramasser au pied de l'arbre. Si ce dernier est trop gros pour le secouer par le tronc, on monte dessus, et on opère sur chaque branche isolément.

Les fruits mous que l'on cueille à la main pour être conservés doivent être saisis avec précaution ; car on pourrait les froisser et les faire pourrir.

Les noisettes mûrissent dans la première quinzaine de septembre ; on en fait la cueillette lorsqu'elles sont jaunes jusqu'à leur extrémité. Les noix mûrissent un peu plus tard.

Le raisin mûr est cueilli à l'aide d'un couteau, avec lequel on coupe la queue de la grappe.

CHAPITRE X.

CONSERVATION DES PRODUITS VÉGÉTAUX.

Les plantes récoltées ne sont généralement pas consommées immédiatement; on les emploie au fur et à mesure des besoins, et elles servent à la nourriture des personnes et des animaux domestiques jusqu'à la récolte suivante. Il importe donc de les placer dans des conditions convenables pour leur bonne conservation. C'est ce qui fera l'objet de ce chapitre.

28ᵉ Leçon. — Plantes de grande culture.

Les fourrages, une fois convertis en foin, sont chargés sur des voitures à l'aide d'une fourche ayant beaucoup d'analogie avec le trident. Ils sont ensuite transportés soit dans les greniers, soit à proximité de la maison, pour en faire des tas qui portent le nom de *meules*. On emploie pour décharger le foin le même instrument que pour le chargement.

Lorsqu'on rentre le foin dans les greniers, il faut le placer par lits successifs, et l'entasser de façon que la poussière ne puisse pénétrer dans le tas.

Rangé en meules, le foin conserve mieux sa qualité, pourvu toutefois que les meules soient bien faites. Pour cela elles devront remplir les conditions suivantes :

Le terrain sur lequel on les établit devra être sec et entouré d'une petite rigole, afin d'empêcher l'infiltration des eaux. Le fond de la meule sera isolé du sol par un lit soit de paille, soit de feuilles, soit de toute autre matière sèche : on empêchera ainsi que l'humidité de la terre se communique au foin. Il faut placer ce dernier par lits successifs, et l'entasser suffisamment, pour ne point laisser de places vides dans la masse. On devra recouvrir les meules avec le plus grand soin , et faire en sorte que l'infiltration de la pluie dans l'intérieur soit impossible ; car une seule gouttière suffirait pour amener la pourriture dans le tas. La couverture dépassera autant que possible le bord extérieur de la meule de quelques centimètres. Afin de favoriser l'écoulement des eaux pluviales, elle se terminera en pointe.

La conservation des céréales a lieu soit en gerbes qui n'ont pas subi le battage, soit lorsque, par cette opération, on a séparé le grain de la paille. Le premier mode de conservation est préférable à l'autre : il exige moins de soins et de place, et le grain est moins exposé aux ravages des insectes. Les gerbes sont alors rentrées et rangées, ou dans les greniers, ou dans des endroits spéciaux appelés *gerbiers*, ou enfin en meules.

Lorsque l'on rentre ou que l'on range les céréales pour les conserver, il faut veiller à ne pas trop secouer les gerbes afin de ne pas faire tomber le grain.

Pour la construction des meules, tout ce que nous avons dit pour le foin est applicable au grain.

Après que les gerbes sont restées un temps plus ou moins long soit au grenier, soit au gerbier, soit à la meule, on leur fait subir l'opération du *battage*, par laquelle on détache et on sépare le grain des épis.

Le battage se fait au fléau, ou à l'aide d'animaux, ou à la machine.

Le fléau est un instrument très-simple composé d'un manche en bois auquel est relié, par une de ses extrémités et à l'aide d'une courroie en cuir, un morceau de bois plus gros, arrondi, de 45 à 50 centimètres de longueur environ. Ce morceau de bois s'appelle *batte*.

Le battage au fléau se fait de la manière suivante: les gerbes sont étendues sur le plancher ou *aire* d'une grange, ou encore, lorsque le temps est favorable, au grand air, sur une surface unie et non pierreuse. Le batteur tenant le manche du fléau avec les deux mains, frappe à coups redoublés avec la batte sur les épis : le grain sort et se répand sur l'aire mélangé avec son enveloppe, qui porte le nom de *balle*.

Le battage au fléau peut se faire soit par une, deux, trois ou quatre personnes : chacune frappe à tour de rôle sur les épis. On dépose généralement sur l'aire autant de gerbes qu'il y a de batteurs ; chacun a la sienne à retourner, à délier, et à relier. A plus de quatre personnes, le battage au fléau n'est guère possible : les coups de batte devenant plus nombreux, il est difficile aux batteurs d'observer leur tour.

Le battage au moyen des animaux a surtout lieu dans le Midi de la France : il se pratique à l'aide des chevaux ou des mulets, et porte le nom de *dépiquage*. Les gerbes sont rangées en rond et piétinées; c'est par suite du piétinement que le grain se sépare de l'épi. Quelquefois, le piétinement des animaux est remplacé par un rouleau en pierre ou en fonte qui, opérant une forte pression sur le grain, le force à sortir.

Après le battage au fléau et le dépiquage, on nettoie le grain, c'est-à-dire qu'on le sépare d'avec les balles et les menus brins de paille avec lesquels il est mélangé, par l'opération du *vannage*, qui se fait avec un instrument en osier appelé *van*, ou avec une machine plus compliquée qui porte le nom de *tarare*. Le vannage au van est bien plus imparfait et bien plus long que le vannage au tarare : c'est pourquoi nous conseillons et nous recommandons l'usage de ce dernier instrument.

Le battage à la machine a, sur le battage au fléau et sur le dépiquage, les avantages suivants :

Il est beaucoup plus expéditif; il s'opère d'une manière bien plus complète et bien plus parfaite; son prix de revient est bien moins élevé.

Mais, d'un autre côté, l'achat d'une machine à battre exigeant une avance de fonds assez considérable, et son établissement demandant un emplacement assez vaste et des constructions spéciales, son emploi n'est guère possible que dans les maisons de culture importantes. L'observation que nous avons faite à propos des machines pour la fenaison est aussi applicable aux machines à battre.

La paille, après le battage, est conservée comme auparavant, dans les greniers, les gerbiers, ou en meules. Quant au grain, il est déposé en petits tas, dans des greniers bien secs et bien aérés, jusqu'au moment de la vente ou de la consommation. Il est alors remué assez souvent avec une pelle de bois, afin d'éviter qu'il s'échauffe ou que les insectes s'y mettent.

Les pommes de terre, les betteraves, les carottes, les navets, sont déposés à la cave après la récolte, ou enfouis dans des trous creusés exprès qui portent le nom de *silos*.

Avant d'être rentrés, les betteraves, les carottes, et les navets sont séparés de leurs fanes, que l'on coupe au collet de la plante, et que l'on peut ensuite distribuer aux bestiaux.

Les racines fourragères conservées à la cave devront autant que possible être isolées du sol et déposées sur des planches ou des madriers élevés de quelques centimètres, afin de permettre la circulation de l'air en dessous. Si l'on ne prend pas cette précaution, les racines se ramollissent, les pommes de terre émettent de longues pousses qui diminuent leur volume et leur qualité.

Pour faire des silos, on s'y prend de la manière suivante : on creuse à la surface du sol une fosse profonde de 40 à 50 centimètres, large et longue en proportion de la quantité de racines que l'on veut y déposer. Après avoir mis un lit de paille sur le fond et aux côtés, on range les plantes à conserver, on en forme un tas plus ou moins haut que l'on fait en rétrécissant à mesure qu'il s'élève. Lorsque ce tas est terminé, on l'entoure et on le recouvre de paille, sur laquelle on dépose une couche de terre suffisante pour empêcher que les plantes soient atteintes par la gelée. Par surcroît de précaution, on peut encore, à l'approche des grands froids, placer une couche de fumier par-dessus la terre.

29ᵉ Leçon.—Plantes de culture jardinière

Dans tout le courant de l'été, les légumes sont récoltés pour la consommation journalière ; on ne conserve que la provision d'hiver et les plantes que l'on destine à la reproduction.

Les pommes de terre précoces sont consommées avant l'hiver ; on n'en garde que pour le plant de l'année suivante. On les met au grenier jusqu'au moment des gelées, et on les remue assez souvent pour empêcher la germination ; alors on les transporte à la cave, où on les trouvera bien conservées à l'époque de la plantation.

L'oignon, l'ail, l'échalotte, qui supportent sans inconvénients les effets de la gelée, sont déposés au grenier plutôt qu'à la cave : la température relativement douce de cette dernière agirait sur ces plantes bulbeuses et les ferait végéter ; celles que l'on destine à la plantation sont mises à part ; on les range et on les lie à quelques brins de paille, et on les suspend dans un lieu convenable.

Pour conserver les carottes fermes durant tout l'hiver, il faut les déposer dans des silos ; si on les conserve à la cave, on les recouvre de sable. Il en est de même des navets.

Les poireaux n'ont besoin d'aucun soin pendant l'hiver ; ils supportent le froid sans inconvénients. Seulement, lorsqu'au printemps on veut cultiver la planche qu'ils occupent, on les arrache en laissant un peu de terre adhérente à leurs racines, on les rassemble et on les enterre jusque vers la moitié de leur longueur dans un endroit choisi, à portée de la maison. C'est ce qu'on appelle les *mettre en jauge.*

Quant aux choux, nous avons dit précédemment ce qu'il y avait à faire pour leur conservation.

Les pois, les fèves et les haricots se conservent mieux dans leur cosse qu'autrement; c'est pourquoi il faut autant que possible les y laisser. Une mauvaise méthode pour ces plantes, c'est de conserver pour semences les fruits des dernières cosses mûres : il serait bien préférable de garder pour cet usage les premières mûres.

Les cornichons, excepté ceux qu'on laisse pour graines, sont toujours récoltés avant leur maturité. On les conserve en les mettant dans du vinaigre, et en bouchant ensuite parfaitement le vase qui les renferme.

Les différentes espèces de salades ne peuvent se conserver que quelques jours à la cave. Il y a cependant des laitues, dites d'hiver, qui passent cette saison à l'air libre, en observant de les recouvrir de feuilles ou de paille pendant les plus grands froids.

30e Leçon. — Fruits.

De toutes les espèces de fruits, ceux à pépins, les noix et les noisettes, peuvent seuls se conserver tout l'hiver dans leur état naturel. Pour conserver les autres, il faut ou les mettre dans de l'eau-de-vie, ou les convertir en *pruneaux*.

Les fruits conservés dans l'eau-de-vie perdent en grande partie leur saveur naturelle : le liquide la leur enlève pour s'y substituer. Ce sont les groseilles noires, les cerises, les abricots, les reines-claudes, etc.

Les pruneaux sont des fruits à noyau desséchés. On les met quelques jours au soleil, ou quelques heures dans un four chauffé modérément. Sous l'action de la chaleur, le jus se dessèche, la chair se resserre sur le noyau et la peau se ride. A l'état de pruneaux, les fruits se conservent pendant long-temps.

Certaines espèces de pommes et de poires peuvent

se conserver très-longtemps, quand, aussitôt la récolte, on les place dans des conditions convenables.

La cueillette de ces fruits doit d'abord être faite par le beau temps, plutôt vers le milieu du jour que le matin et le soir; car il faut autant que possible éviter de les rentrer humides et chargés de rosée. On les dépose, sans les fouler ni les froisser, sur le plancher d'un grenier, à l'abri de l'humidité, et dans un endroit où l'air puisse se renouveler et circuler librement. La température de cet endroit ne devra pas descendre au-dessous de zéro, car la gelée est préjudiciable à ces fruits. Lorsqu'on s'aperçoit que quelques-uns se gâtent, il faut les enlever, car ils pourraient faire gâter les autres.

Mathieu de Dombasle a imaginé, pour conserver les poires et les pommes, un appareil qui porte le nom de *fruitier de Dombasle*. Il se recommande par sa simplicité, son bas prix, le peu de place qu'il occupe. Il consiste en des caisses rectangulaires ou carrées, hautes de 7 à 8 centimètres, et ayant toutes les mêmes dimensions en longueur et en largeur, afin qu'elles puissent se recouvrir l'une l'autre parfaitement, et se servir ainsi mutuellement de couvercle. On remplit ces boîtes des fruits à conserver, en les prenant avec précaution et les posant de même. Quand elles sont pleines, on les empile dans une pièce convenable. La boîte supérieure est laissée vide, ou, si on l'emplit, on la recouvre d'une planche. Lorsqu'on veut s'assurer que les fruits ne se gâtent pas, on peut très-bien le faire sans y toucher : on enlève les caisses une à une, on jette un coup d'œil à l'intérieur, et on les empile à mesure dans un endroit voisin du premier. La visite étant terminée, les fruits se trouvent encore placés dans les mêmes conditions; l'ordre des caisses se trouve seulement changé; car celle qui était la première en haut est devenue la première en bas, et réciproquement.

Quelquefois aussi, pour conserver les poires et les pommes, on leur fait subir une dessication qui leur enlève le jus, et les met dans le même état que les pruneaux. Mais, avant de les soumettre à l'action du feu ou du soleil, on leur enlève la peau ainsi que les pépins, et on les coupe en deux ou quatre parties.

Les noix et les noisettes sont simplement déposées au grenier, et elles passent ainsi l'hiver sans inconvénients. Les fraises et les framboises ne se conservent que quelques jours.

La conservation du raisin ne peut guère aller au-delà du mois d'octobre ou de novembre, jusqu'aux premières gelées. Pour cela, il faut surtout les soustraire aux guêpes et aux fourmis ; on y parvient de la manière suivante : on laisse sur la vigne les grappes à conserver ; on les dépouille de tous les grains pourris ou attaqués. On enveloppe ensuite chaque grappe, sans la froisser, dans un sac de toile grossière ou de papier, qu'on lie autour de la queue de la grappe, mise ainsi à l'abri des attaques des insectes, qui en sont très-avides.

On peut aussi conserver le raisin quelques mois en suspendant les grappes dans le fruitier. Pour lui faire passer l'hiver, on laisse après chaque grappe un sarment de vigne, et on plonge dans des bouteilles pleines d'eau chaque extrémité du sarment. Il faut seulement avoir soin de mettre un peu de charbon dans chaque bouteille, afin d'empêcher l'eau de se putréfier.

CHAPITRE XI.

DES ANIMAUX.

Quoique l'agriculture ait surtout pour objet le travail de la terre, afin de lui faire produire différentes espèces de plantes, il n'y a pas un seul cultivateur, quelque restreinte que soit l'étendue de ses champs, qui ne nourrisse un nombre plus ou moins considérable d'animaux. Les uns lui servent d'auxiliaires pour le travail de la terre, les autres lui donnent divers produits, tous lui fournissent l'engrais indispensable pour entretenir et maintenir ses champs en état de fertilité. Il importe donc que le cultivateur ait sur les animaux quelques notions qui le mettent à même d'en retirer le plus de profit possible.

31e Leçon. — Espèces d'animaux qui intéressent le Cultivateur.

Parmi les animaux, il en est qui pourvoient eux-mêmes à leur subsistance et à leur logement; ils fuient l'homme et vivent généralement loin de lui : ce sont les *animaux sauvages*. Il en est d'autres qui vivent avec l'homme, logent sous le même toit et reçoivent leur nourriture de sa main : ce sont les *animaux domestiques*. C'est dans ces derniers que sont compris les animaux utiles à l'agriculture : ce sont les espèces suivantes :

1° L'*espèce chevaline*, comprenant le cheval, et à laquelle on peut rattacher l'âne et le mulet. Un cheval mâle s'appelle *entier* ; quand il a subi l'opération de la castration, c'est un cheval *hongre* ; un cheval femelle est une *jument*. Le petit du cheval porte le nom de *poulain*.

Cette espèce rend au cultivateur de très-grands services : c'est par elle qu'il exécute la plus grande partie des travaux agricoles, et qu'il opère ses transports. Sans elle, la culture ne serait guère possible.

2° L'*espèce bovine*, comprenant le bœuf, la vache et le taureau. Le bœuf rend les mêmes services au cultivateur que le cheval, et, lorsqu'il devient incapable pour le travail, on l'engraisse et on le livre à la boucherie.

La vache est nourrie pour son lait, qui forme une bonne partie de l'alimentation de l'homme, soit à l'état de lait proprement dit, soit à l'état de beurre, soit à l'état de fromage. Lorsqu'elle devient vieille, la vache est aussi engraissée pour la boucherie.

Le taureau sert à la reproduction. Le petit de la vache s'appelle *veau ;* une vache qui n'a pas encore donné de veau porte le nom de *génisse*.

3º L'*espèce ovine*, comprenant le mouton, élevé et nourri pour sa laine et pour sa viande. Un mouton mâle s'appelle *bélier*, et un mouton femelle, *brebis ;* le petit du mouton porte le nom d'*agneau.*

4º L'*espèce porcine*, comprenant le porc ; il est nourri pour sa viande et pour sa graisse. Un porc mâle s'appelle *verrat*, et un porc femelle, *truie* ; le petit du porc porte le nom de *porcelet,*

5º La *volaille*, nourrie pour ses œufs, sa plume et sa viande. Elle comprend la *poule*, dont le mâle s'appelle *coq* et les petits, *poussins* ; le *canard*, dont la femelle est la *canne*, et les petits, *canetons* ; l'*oie*, dont le mâle s'appelle *jars* ; le *dindon*, qui a la *dinde* pour femelle et les *dindonneaux* pour petits : le *pigeon*, dont la femelle s'appelle *colombe*, et les petits, *pigeonneaux.*

Outre ces cinq espèces d'animaux, on trouve encore, dans quelques maisons de culture, le *lapin*, nourri pour sa viande ; la *chèvre*, nourrie pour son lait, et dont le mâle s'appelle *bouc* ; les *abeilles*, ou *mouches à miel*, pour la production du miel et de la cire ; et, dans le midi de la France et les pays chauds, le *ver-à-soie*, pour la production de la soie.

Toutes ces espèces d'animaux fournissent encore, en outre des produits ci-dessus nommés, le fumier, substance dont le cultivateur ne saurait se passer.

32e Leçon. — Choix des animaux.

La question du choix des animaux est plus importante qu'on ne le croie généralement dans les campagnes, où l'on voit souvent des races dégénérées, chétives et de maigre produit. Beaucoup de cultivateurs élèvent ou achètent sans discernement toutes sortes d'animaux : pourvu qu'ils déboursent peu d'argent, ils sont contents, et s'imaginent que c'est là le principal pour la prospérité de la maison. Ils se trompent beaucoup, et, avant d'adopter telle ou telle race, il faut bien se pénétrer des considérations suivantes :

1º *But que l'on se propose en élevant ou en achetant*

les animaux. Rien n'est plus préjudiciable à la prospérité d'une maison de culture que l'incertitude dans le but que l'on se propose en élevant ou en achetant des animaux. On agit ainsi tout à fait au hasard, se fiant sur les circonstances, qui, quelquefois, sont favorables, mais le plus souvent désavantageuses. Que dirait-on d'un voiturier qui attellerait ses chevaux à sa voiture, et qui partirait sans savoir où il va ni ce qu'il va chercher? Un cultivateur qui élève ou qui achète des animaux sans savoir auparavant ce qu'il veut faire, est tout à fait dans le même cas. S'il a en vue l'engraissement, qu'il ait une race de bestiaux s'engraissant vite et bien ; s'il s'occupe de laiterie, qu'il ait des vaches bonnes laitières ; s'il fait l'un et l'autre, qu'il ait autant que possible des races présentant les deux qualités réunies.

2° *Nourriture dont on dispose.* Cette considération a aussi son importance, car la même nourriture ne convient pas à tous les animaux. Il est certain qu'un animal ne se laissera pas mourir de faim auprès d'aliments qui lui répugnent ; l'instinct de la conservation le poussera à s'en nourrir ; mais ces aliments, pris à contre cœur, auront de fâcheux effets sur la santé de l'animal : ses forces diminueront, et avec elles la qualité et la quantité de ses produits.

3° *Circonstances dans lesquelles on se trouve placé.* Ces circonstances peuvent varier à l'infini, et il est impossible de les prévoir toutes ; c'est au cultivateur à les apprécier et à agir en conséquence. Ainsi, selon la nature des terrains, les bœufs conviendront mieux que les chevaux pour le travail de la terre, les transports, ou bien ce sera le contraire. Si les vaches que l'on nourrit restent continuellement à l'étable ou vont pâturer dans les plaines, les grosses espèces sont préférables aux petites. Mais si elles pâturent la plus grande partie de l'année dans les bois et dans les montagnes, les grosses espèces n'y résisteraient pas : il faut donc se contenter des petites. Ces deux exemples suffisent pour faire comprendre de quel poids sont les circonstances dans le choix des animaux.

4° Dispositions des bâtiments. Le local doit être approprié aux hôtes auxquels on le destine. Cette considération, vraie pour l'homme, ne l'est pas moins pour les animaux, et a la même influence sur les uns et sur les autres. Les grandes espèces veulent un logement plus vaste que les petites ; à telle espèce un local conviendrait, à telle autre il serait nuisible. Le cultivateur doit réfléchir à cela, et avoir un bétail en proportion de ses logements. Ce que nous venons de dire pour le logement s'applique aussi au matériel.

33ᵉ Leçon.—Nombre des Animaux.

S'il importe de savoir bien choisir l'espèce d'animal la plus profitable, il n'importe pas moins de savoir régler le nombre de bêtes que l'on peut, que l'on doit nourrir. Pour cette question, il ne faut jamais perdre de vue ce principe :

« *Mieux vaut un bétail peu nombreux, bien choisi, bien entretenu, en plein rapport, qu'un nombre considérable d'animaux chétifs, mal nourris, et ne donnant que de maigres produits.* »

Le bétail doit être proportionné d'après les considérations suivantes :

1° *Nourriture.* Il ne faut pas avoir l'ambition de nourrir plus d'animaux que ne le permettent les ressources alimentaires annuelles ; car, lorsqu'il faut acheter la nourriture du bétail, que l'on paie généralement assez cher, on la leur distribue avec parcimonie : la force ou les produits diminuent, et avec eux le bénéfice.

2° *Personnel dont on dispose.* La nourriture et l'entretien des animaux demandent des soins nombreux et incessants, qui exigent un personnel suffisant, faute de quoi le bétail, étant négligé, donne des produits inférieurs à ceux qu'il devrait réellement donner.

3° *Logement.* Vouloir loger un grand nombre d'animaux dans des bâtiments restreints, c'est mettre ces animaux dans des conditions tout à fait mauvaises pour leur santé, c'est les exposer à des maladies qui toujours les mettent en état de souffrance, et souvent les font périr en masse ; c'est risquer de faire des pertes quelquefois considérables.

4° *Ressources pécuniaires.* Avant d'augmenter son bétail, il faut consulter sa bourse, et faire en sorte qu'on n'ait pas besoin de celle du voisin, car les dettes sont un mauvais meuble : on sait bien quand on emprunte, mais on ne sait pas toujours quand on rendra.

Il ne faut pas non plus, ayant le gousset bien garni, acheter à tort et à travers un nombre d'animaux supérieur à celui que l'on peut nourrir : notre argent, au lieu de nous rapporter intérêt, nous demanderait encore de nouveaux déboursés.

34ᵉ Leçon. — Conseils généraux.

Les animaux, pour donner leur maximum de travail ou de produit, doivent être soignés et entretenus d'après les conseils pratiques suivants :

La nourriture leur sera distribuée autant que possible à heures fixes, à des intervalles assez éloignés, afin de donner à la digestion le temps de se faire convenablement. La quantité de nourriture devra être aussi réglée, et à peu près la même à chaque repas. Cette quantité varie selon l'âge, l'espèce et l'appétit des animaux, et aussi selon les circonstances dans lesquelles ils se trouvent. Lorsqu'on s'aperçoit qu'ils gaspillent ou qu'ils laissent tout ou partie de ce qu'on leur donne, il faut diminuer la ration.

Il ne faut pas exiger d'un animal un travail au-dessus de ses forces.

On traitera toujours les animaux avec douceur ; car la brutalité les irrite, les rend ombrageux, craintifs et quelquefois méchants ; tandis que par la douceur, on les rend dociles, attentifs et soumis.

La plus grande propreté devra régner soit sur les animaux eux-mêmes, soit dans leur logement, soit dans tout ce qui les concerne ; car, pour eux comme pour les personnes, « *la propreté, c'est la santé.* »

CHAPITRE XII.

ÉLEVAGE DES ANIMAUX.

Aussitôt qu'un animal vient au monde, il éprouve le besoin de prendre quelque chose : instinctivement il se porte aux mamelles de sa mère, et il trouve dans le lait qu'il y suce l'aliment le plus en rapport avec ses besoins. Ses faibles mâchoires dépourvues de dents ne pourraient ni broyer ni diviser les mets grossiers dont la mère se régale, et son estomac ne saurait les digérer.

Pendant un certain temps, ce lait lui suffira, et ce temps constitue la période de l'*allaitement*. Mais il arrive un moment où ce lait est insuffisant : le petit animal a besoin, pour se développer, d'une nourriture plus substantielle; ses mâchoires prennent de la force, son estomac se forme, son organisation tout entière a plus d'activité. On *sèvre* alors le petit, c'est-à-dire qu'on l'habitue à manger comme sa mère, à se nourrir des mêmes aliments. Cette habitude une fois prise, le petit animal n'a plus besoin de soins particuliers; il suit le même régime que tous les animaux de la même espèce ; il entre dans la vie commune.

35e Leçon. — Allaitement.

Poulain. Quelquefois le jeune animal, immédiatement après sa naissance, soit faute de force, soit plutôt faute d'adresse, ne peut prendre seul le lait de sa mère : il faut alors que l'homme vienne à son secours. Il met dans la bouche du poulain les mamelles de la jument; ensuite il agit sur le pis pour faire couler le lait, qui arrive sur la langue du petit animal, et celui-ci n'a alors qu'à avaler. Cette opération, répétée une fois ou deux, suffit pour le mettre au courant, et il se charge ensuite de la faire tout seul. Lorsque le poulain a acquis ce talent, on le met à l'attache, et on ne le laisse prendre la mamelle qu'à des heures fixes : la mère et le petit gagnent beaucoup à cette manière de procéder : de plus, le poulain s'habitue à l'homme, se rend familier avec lui, et par la suite il sera plus facile à dresser.

L'allaitement du poulain dure en général 5 à 6 mois. Pendant cette période, la jument doit recevoir une nourriture abondante et substantielle, et veut être ménagée, car un excès de travail nuirait à l'abondance et à la qualité de son lait ; le poulain en souffrirait.

Veau. Ce que nous avons dit pour le poulain convient aussi pour le veau. S'il ne peut pas d'abord téter sa mère, on le lui apprend: on le met à l'attache et on l'allaite à heures fixes. S'il ne peut boire tout le lait contenu dans le pis de la vache, il faut vider celui-ci, car autrement il pourrait en résulter des inconvénients pour la mère.

Lorsqu'on nourrit les vaches pour le lait, on livre le veau à la boucherie au bout de 10 à 15 jours, sans le sevrer ; lorsqu'on pratique l'élevage, le veau tette pendant 5 à 6 mois.

La nourriture d'une vache nourrice, de même que celle d'une jument, doit être copieuse et de bonne qualité.

Agneau. — Il arrive quelquefois qu'une brebis délaisse son agneau : l'intervention du berger est alors nécessaire. Il maintient la mère, met l'agneau près du pis, et lui glisse l'extrémité de la mamelle dans la bouche; pressant ensuite sur le pis, le lait jaillit et est absorbé à mesure par l'agneau. Dans ces circonstances, il convient de laisser la mère et son petit séparés du reste du troupeau. Lorsque la brebis adopte son agneau, l'allaitement se fait sans difficulté, et on peut, au bout d'un jour ou deux, mettre en liberté la mère et le petit ; ce dernier ne s'écarte pas trop, et sait reconnaître sa mère parmi toutes les autres.

Les agneaux tettent de 2 à 3 mois; un allaitement prolongé leur est plutôt salutaire que nuisible.

Les soins pour la brebis mère sont les mêmes que pour la jument et la vache.

Porcelets. — Aussitôt qu'ils sont nés, l'éleveur doit traire les mamelles de la truie, afin de s'assurer qu'elles donnent toutes du lait, et de reconnaître celles qui le laissent couler en plus grande quantité; car ces dernières sont destinées aux plus faibles porcelets, qui pourront ainsi se fortifier davantage.

Il faut aux mères une nourriture régulière et abondante, afin que leur lait soit toujours suffisant et de bonne qualité. L'allaitement dure de 25 à 30 jours.

Quelquefois, dans les derniers temps, les dents des porcelets se développent, et, en tétant, ils mordent leur mère; celle-ci ne peut plus alors les souffrir. Le seul remède à cet état de choses est de briser ou tout au moins d'émousser ces dents.

Volaille. — Les oiseaux, ceux de basse-cour aussi bien que les autres, n'ont pas de mamelles, et par conséquent n'allaitent pas leurs petits. Cependant, dans les premiers temps de leur existence, ceux-ci ont besoin d'une alimentation particulière appropriée à la faiblesse de leurs organes.

Les poussins n'ont besoin de nourriture qu'un jour ou deux après leur naissance, lorsqu'ils sortent eux-mêmes de dessous leur mère. On leur fait alors un mélange de mie de pain et de lait auquel on ajoute des jaunes d'œufs cuits durs; on met cette nourriture à leur portée : c'est la mère qui la leur distribue et la leur fait prendre lorsqu'ils en sont incapables. Au bout de 12 à 15 jours, on peut commencer par leur distribuer du grain très-menu ainsi que des petits vers.

Pendant les 5 ou 6 premiers jours de leur existence, les poussins ne doivent pas sortir au grand air. Au bout de ce temps, lorsque le ciel est serein et le soleil déjà chaud, on peut les lâcher et les laisser courir en plein air, à condition de les faire rentrer avant le coucher du soleil. Par la pluie, il faut bien se garder de les laisser dehors, car l'humidité, de même que le froid, a sur eux de pernicieux effets.

Au bout d'un mois ou cinq semaines, les poussins

peuvent se passer de la mère : ils sont capables de pourvoir à leur nourriture. Si à cette époque la poule mère veut leur continuer ses soins, on a tout intérêt à l'en empêcher, car elle se remettra à pondre d'autant plus tôt. Afin d'opérer cette séparation des petits d'avec la mère, on enferme cette dernière pendant quelques jours.

36ᵉ Leçon. — Sevrage.

Poulain. — Le sevrage du poulain, c'est-à-dire la cessation de l'allaitement pour y substituer une autre nourriture, ne doit pas avoir lieu d'une manière brusque; mais le sevrage doit être préparé de longue main par la simultanéité des deux genres d'alimentation. Un poulain d'un mois peut déjà commencer à prendre de la nourriture légère, mais en petite quantité. Cette nourriture se composera de substances facilement digestives, telles que des féverolles cuites. A mesure qu'il se développe, le poulain reçoit une ration de plus en plus forte, à laquelle on mélange bientôt des céréales moulues ou concassées, ainsi que du foin haché. Lorsqu'il commence ce double régime, le poulain est conduit moins souvent à sa mère ; le pis de cette dernière, étant moins excité, donne une quantité de lait qui diminue graduellement à mesure que le poulain prend davantage de nourriture: Ce régime mixte auquel on l'habitue dès son plus jeune âge, est bien plus salutaire et pour le petit et pour la mère qu'un changement brusque dans le genre de l'alimentation. Le petit, trouvant dans la nourriture qu'on lui donne de quoi satisfaire sa faim, pense de moins en moins au lait de sa mère; ce n'est bientôt pour lui qu'un superflu dont il se passera sans peine à l'époque du sevrage définitif. Souvent, avec un régime bien entendu, il perd de lui-même l'habitude de téter.

Quant à la mère, ainsi que nous l'avons dit, elle perd son lait graduellement, sans peine comme sans souffrance, surtout si on lui fait faire un travail d'abord aisé et de courte durée, et de plus en plus long et pénible à mesure que le poulain la tette moins.

Le sevrage définitif doit avoir lieu vers le 5e ou le 6e mois. C'est alors que le poulain doit recevoir une nourriture abondante et de bonne qualité, si l'on veut qu'il se développe convenablement. Aussitôt qu'il a assez de force pour se soutenir et pour courir, on lâche le poulain de temps en temps, afin qu'il prenne de l'exercice en plein air. Plus tard, lorsque sa mère travaille, on peut le laisser l'accompagner : les courses et les sauts qu'il exécute alors développent sa force musculaire, et lui sont plutôt salutaires que nuisibles.

Veau.—En raison de la valeur du lait de la vache, l'éleveur doit faire en sorte que le veau s'en passe le plus tôt possible, sans cependant que cela nuise à son développement. Au bout d'une quinzaine de jours, on remplace l'allaitement naturel, c'est-à-dire celui qui a lieu par la mère, par une autre espèce d'allaitement qui porte le nom d'*allaitement artificiel*. Avant de recourir à ce dernier mode d'allaitement, il faut habituer le veau à boire seul du lait pur sortant du pis. Lorsqu'il a pris cette habitude, on remplace le lait pur par du lait écrémé que l'on fait toujours tiédir. Il va sans dire que l'allaitement artificiel se fait à heures fixes comme l'allaitement naturel.

Pour les veaux d'élevage, il est même préférable de ne pas les faire téter : on commence par les faire boire avec le doigt, et ils s'habituent bientôt à boire seuls.

A mesure que le veau se développe et prend de la force, on augmente la ration de lait, dans laquelle on met, lorsqu'on le juge convenable, des substances très-divisées et de facile digestion, tels que des graînes farineuses moulues, du son, des graînes de prairies naturelles, etc. Vers l'âge de 3 à 4 mois, selon sa force, on commence par donner au veau quelques aliments solides, tels que des racines découpées menues, du foin ou mieux du regain haché, et, si cela est possible, des fourrages verts. On diminue ensuite graduellement la ration liquide, jusqu'à la supprimer tout à fait, vers le 5ᵉ ou le 6ᵉ mois.

Agneau. — Lorsque l'allaitement a été pratiqué d'une manière convenable, le sevrage des agneaux ne demande aucun soin; mais pour cela, de même que pour le poulain, il ne faut pas le passage brusque de l'allaitement à une nourriture solide. Au bout de 3 à 4 semaines, on dispose à côté de la mère un espace dans lequel l'agneau peut entrer, mais où la mère ne puisse pas aller. On dépose dans cet espace du foin, du regain ou du fourrage vert, ainsi que de l'eau. L'agneau ne fait d'abord aucune attention à ces aliments, mais peu à peu il y touche et s'y habitue. Lorsque cette habitude est prise, on sépare de temps en temps l'agneau d'avec sa mère; progressivement, on arrive à ne les laisser ensemble que la nuit; enfin, on les sépare tout à fait, et le sevrage est alors terminé.

Porcelets. — Le sevrage des porcelets n'a pas lieu non plus d'une manière brusque. Tout en les laissant à la mère, on les habitue à se passer d'elle en leur distribuant, soit du lait de vache mélangé avec de la farine et du son, soit des racines cuites. On sépare ensuite, pour les remettre de temps en temps ensemble, les petits d'avec la mère. On sèvre d'abord les plus vigoureux en les privant tout à fait de leur mère, et on laisse les plus faibles avec elle : ils continuent l'allaitement, et comme ils sont moins nombreux pour la même quantité de lait, la ration est plus forte, et ils se développeront rapidement. Lorsqu'ils sont devenus assez vigoureux, on les sépare à leur tour de la mère.

Volaille. — Il n'y a pas lieu de sevrer la volaille, puisque les oiseaux n'allaitent pas. Nous avons parlé précédemment de la manière de les soigner et de les élever jusqu'à l'époque où on les prive de leur mère; les soins qu'ils réclament ensuite ne sont pas différents de ceux que l'on donne aux adultes. Nous en parlerons au chapitre suivant.

CHAPITRE XIII.

TRAVAIL, PRODUIT & ENTRETIEN.

Selon le but que se propose le cultivateur en élevant et en nourrissant des animaux, on peut diviser ceux-ci en deux classes : les *animaux de travail* et les *animaux de produit*.

La première classe comprend le cheval et le bœuf; la seconde, tous les autres animaux que nous avons étudiés dans les chapitres précédents.

37ᵉ Leçon.—Animaux de Travail.

Cheval. -- Le poulain, une fois sevré, suit le même régime que les chevaux: il est alors mis dans les pâturages ou nourri à l'écurie. Dans l'un ou l'autre cas, l'éleveur doit l'approcher souvent, afin de l'habituer au contact de l'homme et de faciliter pour plus tard l'opération du dressage; il doit aussi lui prendre souvent les pieds, afin que le ferrage soit rendu plus facile.

On ne doit pas faire travailler le poulain avant l'âge de 2 ans; car, plus jeune, on nuirait à son développement; on en ferait un cheval mal conformé et peu apte au travail. C'est aussi vers cette époque que l'on fait subir aux poulains mâles que l'on ne veut pas garder pour la reproduction, l'opération de la castration.

Avant le dressage, c'est-à-dire avant d'habituer le cheval au genre de travail qu'il doit exécuter, on le ferre, afin de prévenir l'usure trop rapide de la corne des pieds, et afin de donner plus d'aplomb à l'animal.

Dans le dressage, on doit surtout rendre le cheval obéissant sans avoir recours aux moyens de rigueur; car un animal qui n'obéit qu'aux coups de fouet est bien près d'être rétif, et fait un travail bien moins régulier qu'un autre qui obéit à la voix de son maître ; il sera bon pour un coup de collier, mais non pour un travail continu et soutenu. Les conducteurs de chevaux ne doivent pas tirer constamment sur les rênes; car, autrement, les chevaux ont bientôt perdu toute sensibilité de la bouche, et le mors n'a plus pour eux aucun effet.

Lorsqu'un cheval travaille, on l'entoure de différents appareils que l'on désigne sous le nom général d'*harnachements*, et qui prennent différents noms selon la partie du corps de l'animal à laquelle ils sont adaptés. C'est ainsi que l'on a la *bride*, le *collier*, etc. On doit surtout veiller à ce que toutes les parties de l'harnachement soient bien appropriées au corps de l'animal, ne le gênent pas dans ses mouvements, et ne le blessent nulle part.

Bœuf. Depuis l'époque du sevrage jusqu'à l'âge de dix-huit mois à deux ans, on ne tire aucun profit du veau, qu'il soit mâle ou femelle. Mais, vers cette époque, les génisses peuvent devenir mères, et le veau mâle servir à la reproduction ou pour le travail. Dans le premier cas, on doit, par une bonne nourriture, le rendre apte à remplir ses fonctions; dans le deuxième cas, on a dû lui faire subir, vers l'âge de quatre à huit mois, l'opération de la castration, après laquelle il porte le nom de bœuf. Cette dernière opération rend l'animal moins violent et plus obéissant, et il est aussi plus apte à l'engraissement; tandis qu'un taureau donne une viande de mauvaise qualité et par conséquent de peu de valeur.

Le bœuf est d'une allure moins vive que le cheval; il va moins vite en besogne, mais, en revanche, il est plus patient, plus tenace; il convient pour les travaux fatigants et longs, tels que les labours, les transports dans les pays montagneux.

38e Leçon.—Animaux de produit.

Les animaux de produit sont : la vache, le mouton, le porc et la volaille.

Vache. La vache est un des animaux de produit

le plus généralement répandus : aucune maison de culture, quelque peu importante qu'elle soit, n'en est totalement dépourvu. Cela s'explique par la qualité et la quantité des produits qu'elle donne, et par le rôle que ceux-ci jouent dans l'alimentation de l'homme et des animaux.

La vache est nourrie pour son lait, que l'on extrait d'une espèce de poche appelée *pis*, placée entre les pieds de derrière de l'animal. Une fois extrait du pis de la vache, le lait est immédiatement passé au travers d'une espèce de petit tamis fin, afin de le débarrasser des impuretés qui peuvent s'y être mélangées pendant l'extraction ; il est ensuite versé dans des vases de terre ou de grès de forme particulière, et nommés *terrines*. Après un séjour plus ou moins long dans les terrines, le lait se couvre d'une couche de crème que l'on enlève, afin d'en faire du beurre. Quant au lait dépourvu de crème, qui porte le nom de lait *écrémé*, ou on le convertit en fromage, ou on le fait entrer dans la nourriture des animaux.

Lorsqu'on est à proximité des villes, le lait est vendu tel qu'on le retire du pis, c'est-à-dire mélangé avec la crème ; il est alors l'objet d'un commerce assez lucratif.

Nous avons vu précédemment qu'une génisse peut être livrée au taureau vers l'âge de dix-huit mois à deux ans, époque vers laquelle elle peut devenir mère. A partir de là, la vache donne généralement un veau tous les ans ; cette fécondité ne lui est pas nuisible, et le cultivateur devra faire en sorte que ses vaches se trouvent dans cette condition ou à peu près, car c'est celle qui présente le plus d'avantages. Une vache qui s'écarte sensiblement de cette période pour donner un veau doit être engraissée.

Mouton. Depuis l'époque du sevrage jusqu'à celle de la formation complète du mouton, celui-ci suit encore un régime particulier qui a pour but de favoriser son développement, et de le préparer à la vie commune du troupeau. Cette vie commune commence pour lui vers la troisième année d'âge. A partir de là, le mouton ne demande plus de soins particuliers ; il vit en troupes, qui, sauf les jours les plus rigoureux de l'hiver, pendant lesquels la terre est couverte de neige, vont en pâture sous la conduite d'un berger aidé d'un ou plusieurs chiens.

Le principal produit du mouton est la laine, dont on doit le dépouiller chaque année sur la fin du printemps, afin que l'animal supporte plus facilement les chaleurs de l'été. On appelle *tonte* l'opération qui a pour but d'enlever à un mouton la laine qui le couvre ; la quantité de laine fournie par chaque animal est une *toison*.

Généralement, et toujours lorsque les circonstances le permettent, on lave la laine avant la tonte : cette opération s'appelle *lavage à dos*, et a pour but de débarrasser la laine des saletés, des impuretés, des matières grasses qui la salissent et qui constituent le *suint*.

Le lavage à dos se fait dans une eau courante, dans laquelle on maintient l'animal quelque temps en le submergeant, et en le frottant en tout sens et partout, afin de bien laver la toison. L'opération est terminée lorsque, pressant la laine dans la main, il n'en sort que de l'eau claire.

La tonte se pratique un jour ou deux après le lavage à dos, lorsque la laine est sèche. L'instrument nécessaire pour la pratiquer est une espèce de ciseaux appelés *fores*. Un bon tondeur ne doit pas blesser l'animal avec son instrument ; il doit couper la laine également, le plus près possible de la peau, et laisser la toison d'une seule pièce.

Porc. — Le porc est nourri pour sa viande, qui est salée et conservée pour l'année. Nous parlerons de cet animal, dans le chapitre consacré à l'engraissement.

Volaille. — Les œufs sont le principal produit de la volaille ; ils font partie de l'alimentation de l'homme, et il en est fait une consommation énorme.

Si l'on ne préparait pas aux poules un endroit convenable pour y déposer leurs œufs, elles s'écarteraient, iraient pondre au loin un certain nombre d'œufs, qu'elles couveraient ensuite. C'est pour cette raison que les nids sont nécessaires ; ils doivent être garnis à l'intérieur de foin ou de toute autre substance douce. On les placera à portée des poules, le plus souvent dans le poulaillier, et à un endroit tel qu'elles puissent y aller librement, sans être dérangées. Il convient aussi de laisser toujours un œuf dans le nid : on évitera ainsi que la poule le déserte pour aller pondre ailleurs. Pour prolonger la ponte, on enlève les œufs à mesure qu'ils sont pondus.

Tous les animaux, soit de travail, soit de produit, fournissent au cultivateur, par leurs excréments, le fumier qui doit entretenir ses terres dans un état constant de production. Nous avons parlé des fumiers dans un chapitre précédent : il est donc inutile d'y revenir ; nous nous contenterons d'y renvoyer nos lecteurs.

39ᵉ Leçon. — Entretien des Animaux.

Les animaux, pour donner la plus grande masse possible de travail ou de produit, doivent être l'objet de soins assidus se rapportant surtout à deux ordres de choses : la nourriture et la propreté.

Nourriture. — Aux conseils généraux que nous avons donné sur la nourriture des animaux (Chapitre XI), il faut joindre les suivants :
Plus l'animal a besoin de forces, plus la nourriture devra être abondante et de bonne qualité.
Selon la saison, les animaux sont nourris avec des fourrages verts ou avec des fourrages secs. On ne doit pas remplacer brusquement un régime par l'autre : il pourrait en résulter de graves inconvénients qui auraient sur la santé de l'animal les conséquences les plus fâcheuses. Il convient donc de ménager la transition, en habituant petit à petit l'animal au régime qu'on veut lui faire suivre. Pour

l'été, on diminue progressivement la ration d'aliments secs, et on augmente dans la même proportion la ration d'aliments verts, jusqu'à la suppression totale ou partielle de la première. Pour l'hiver, c'est le contraire qui a lieu.

La boisson, pour les animaux comme pour les hommes, favorise la digestion : il importe donc d'abreuver les premiers pendant ou immédiatement après le repas. La boisson la plus convenable est de l'eau limpide et naturelle. La même régularité doit être observée pour la boisson comme pour la nourriture.

Plus les aliments sont divisés, mieux ils digèrent : on conclut de là que les fourrages hachés, les racines divisées, les grains écrasés et concassés, sont préférables, pour la nourriture des animaux, aux mêmes produits distribués tels qu'on les récolte.

Les différents aliments composant la nourriture des animaux n'ont pas pour eux le même attrait : tels mets sont par eux pris avec avidité, tels autres seront gaspillés et ne seront mangés que sous l'empire du besoin. Afin de parer à cet inconvénient, et de bien nourrir le plus économiquement possible, il convient de faire des mélanges, de mettre les bons aliments avec les moins bons, de telle façon que l'animal ne puisse prendre les uns et laisser les autres.

La nourriture des animaux est différente selon l'espèce ; quant à la quantité, il est impossible de rien préciser à cet égard, car il y a trop de circonstances qui peuvent la modifier. On peut cependant dire que la ration d'entretien est proportionnelle au poids de l'animal.

Propreté. — Les soins de propreté concernant les animaux se rapportent à eux-mêmes, à leur logement, à leur nourriture, etc.

Les soins se rapportant aux animaux sont le *pansage* et les *bains*.

Le pansage a pour but de débarrasser la peau de toutes les saletés qui y sont adhérentes. Cette opération doit être renouvelée tous les jours, afin que l'animal soit dans un état constant de propreté, état qui a une grande influence sur sa santé.

Pour pratiquer le pansage, on se sert d'une étrille ou d'une brosse de chiendent, d'un peigne, d'une époussette, d'une éponge et d'un bouchon.

Les animaux qui ont le plus grand besoin de pansage sont les chevaux ; on n'y a généralement pas recours avec les autres animaux, quoique cependant les effets soient les mêmes pour les uns et pour les autres.

Le pansage doit, autant que possible, se faire au dehors de l'écurie ; si on le pratique dans l'intérieur de cette dernière, il faut ouvrir les portes et les fenêtres, afin de livrer passage aux impuretés et surtout à la poussière que l'on enlève de la peau de l'animal.

Les bains ont aussi pour but la propreté de la peau ; ils sont surtout salutaires aux chevaux et aux porcs. Ils ont lieu, autant que possible, dans une eau courante, où l'on fait entrer l'animal de façon à ce qu'il n'ait que la tête hors de l'eau. On ne doit pas faire baigner les animaux immédiatement après le repas, car cet exercice contrarierait la digestion.

Les soins se rapportant au logement des animaux, consistent surtout dans l'enlèvement du fumier. On ne doit pas le laisser s'accumuler sous l'animal pour gêner celui-ci ; et, afin de maintenir propre la peau de ce dernier, il faut renouveler la litière au moins tous les jours.

Les rateliers, les mangeoires, etc., devront être nettoyés ou lavés assez souvent, afin qu'il ne se mêle à la nourriture aucune espèce de saleté.

CHAPITRE XIV.

ENGRAISSEMENT DES ANIMAUX.

40e Leçon. — Considérations générales.

Les animaux domestiques, après avoir servi d'auxiliaires à l'homme pendant un certain temps, ou après leur avoir donné leurs produits, perdent, sous l'influence de l'âge ou par des causes accidentelles, soit leurs forces, soit leurs facultés productives, de sorte que pour le propriétaire il y a un moment où il doit se débarrasser de ces animaux, s'il ne veut pas s'exposer à perdre beaucoup sur leur valeur, qui ne peut que déprécier. C'est alors qu'il a recours à l'engraissement, et qu'il nourrit lesdits animaux pour la boucherie.

On appelle *engraissement* le régime que l'on fait suivre aux animaux afin de les mettre en état convenable pour la boucherie.

Un animal s'engraissera d'autant mieux qu'il aura une nourriture plus abondante et de meilleure qualité, qu'il suivra un régime plus régulier, qu'il demeurera plus tranquille et à l'état de repos, qu'il sera tenu plus proprement.

1° *Nourriture*. Mieux un animal mange, plus il a de dispositions pour l'engraissement; car la graisse ne se développe que sous l'influence de la nourriture. Il importe donc que cette dernière soit bonne, afin d'exciter l'appétit de l'animal, et abondante, afin qu'elle satisfasse entièrement sa faim. Un animal non rassassié n'est pas tranquille; il est sous l'empire d'un besoin que son instinct cherche à faire disparaître : par conséquent, il est dans un état d'inquiétude préjudiciable à son engraissement.

2° *Régularité dans le régime*. Une fois que l'on a adopté un régime pour l'engraissement d'un animal, il convient de le continuer, à moins qu'on ne le reconnaisse défectueux. La régularité dans l'heure des repas est nécessaire pour le succès de l'opération. En effet, un animal soigné régulièrement s'habitue facilement au régime : il est tranquille jusqu'à l'heure du repas, que son instinct sait bien lui révéler. Tandis que, soigné à toute heure, il est dans l'incertitude : il ne sait pas quand il recevra sa nourriture ; il est par conséquent inquiet et dans un état non favorable à son engraissement.

Lorsqu'on engraisse un animal, on doit surtout veiller à ce que cet animal ne prenne pas en dégoût la nourriture qu'on lui donne ; car alors il perd l'appétit, il ne mange qu'à regret, et l'opération est manquée. Afin d'éviter cet inconvénient, il faut en quelque sorte étudier les goûts de l'animal, et s'appliquer à les satisfaire. Lorsqu'on s'aperçoit qu'un aliment lui répugne, il faut le lui retirer, ou, du moins, si cela se peut, le lui préparer d'une autre façon. Souvent une petite quantité de sel mélangée à cet aliment prévient le dégoût ou le fait disparaître.

3° *État de repos et de tranquillité.* Plus un animal travaille ou donne de produits, moins il est disposé à l'engraissement, et cela se comprend. En effet, si un animal travaille, il emploie sa force, qui lui est donnée par la nourriture. Cette dernière, absorbée par l'exercice, ne peut en même temps servir au développement de la graisse. Si une vache, par exemple, donne une grande quantité de lait, c'est que ce liquide se forme aux dépens d'une bonne partie de la nourriture : aussi les vaches laitières sont-elles toujours maigres. Il est clair que ce qui tourne en lait ne peut pas en même temps tourner en graisse.

La castration des animaux, qui les prive de la faculté de produire, qui supprime un besoin naturel, est favorable à l'engraissement : la portion de nourriture qui aurait favorisé cette faculté se trouve employée à la formation de la graisse. De plus, les animaux non castrés sont plus turbulents, plus inquiets que les autres; ils sont donc encore, sous ce rapport, placés dans des conditions moins favorables pour l'engraissement.

Il ne faut cependant pas croire que, pour engraisser

un animal, on doive le priver de tout exercice, le laisser continuellement en repos : ce serait une erreur. En effet, dans quelques contrées, les animaux soumis à l'engraissement sont laissés libres dans de vastes paturages. L'exercice excite l'appétit, et nous avons vu que ce dernier favorise l'engraissement : on fera donc bien de donner un peu d'activité à l'animal que l'on engraisse, de le faire sortir tous les jours, de le promener quelque peu, non pas par l'ardeur du soleil, qui l'incommoderait et le mettrait à la merci des mouches et des insectes, mais le soir, lorsque le soleil baisse, ou après son coucher.

Nous avons dit tout à l'heure que dans certains pays et dans certaines circonstances, on laissait continuellement en pâture les animaux soumis à l'engraissement. C'est là un régime défectueux et bien moins avantageux que celui qui consiste à soumettre l'animal à la *stabulation permanente*, c'est-à-dire à l'engraisser à l'écurie. En effet, avec ce dernier système, les animaux sont plus tranquilles, consomment moins de nourriture et donnent encore du fumier; la période d'engraissement est plus courte qu'avec le régime des pâturages.

Il faut aussi se garder de brutaliser un animal soumis à l'engraissement, car on le mettrait dans un état d'irritation préjudiciable à la formation de la graisse.

4° *Propreté*. La propreté, avons nous dit ailleurs, c'est la santé, et un animal malade ne peut être soumis à l'engraissement. En effet, il est souffrant, il n'a pas d'appétit, il ne mange pas ou il mange très-péu, et, au lieu de former de la graisse, il s'amaigrit de plus en plus. Il importe donc de le maintenir en bonne sânté. Pour cela, il faut le tenir propre, ainsi que son logement; il faut lui faire subir des pansages assez fréquents, lui faire prendre des bains lorsque la saison le permet, ne pas laisser le fumier s'accumuler sous lui, renouveler souvent sa litière, aérer convenablement le local qu'il habite. La santé de l'animal n'est qu'à ce prix : il importe donc de bien observer toutes ces conditions de propreté.

41ᵉ Leçon.—Considérations particulières.

Espèce chevaline. — Les chevaux, les ânes et les mulets, une fois hors d'usage pour le travail ou pour la reproduction, ne sont généralement pas livrés à la boucherie, et, par conséquent ne sont pas soumis à l'engraissement. Cependant, depuis quelque temps, l'usage de la viande de cheval tend à se répandre. Cet usage, d'abord concentré à Paris, se propage de plus en plus, et aujourd'hui, dans presque tous les grands centres de population, il y a des boucheries *hyppophagiques*, c'est-à-dire des boucheries où l'on ne vend que de la viande de cheval. Nous avons mangé de cette viande, et nous l'avons trouvée très-bonne, soit bouillie, soit rôtie. Du reste, de l'avis des docteurs, elle est tout aussi nutritive que la viande de bœuf.

Espèce bovine. — Le bœuf et la vache sont les animaux de l'espèce bovine que l'on engraisse le plus généralement ; l'engraissement du bœuf constitue même, dans certains pays, une industrie assez développée et lucrative. Pour le cultivateur, le bœuf incapable de travail, la vache qui vieillit, dont le lait se tarit ou perd de sa qualité : voilà les animaux de l'espèce bovine qu'il doit engraisser, afin de s'en débarrasser d'une manière avantageuse.

Nous avons vu qu'il y a deux modes d'engraissement : l'engraissement dans les pâturages, et celui des animaux soumis à la stabulation permanente. Le premier mode ne doit être adopté que si l'on a à sa disposition des pâturages assez étendus et de bonne qualité ; autrement l'engraissement est long et bien moins avantageux que celui des animaux en stabulation permanente. Ceux-ci, lorsqu'ils sont tenus d'après les conseils généraux que nous avons donnés précédemment, sont facilement et même rapidement engraissés ; c'est le mode qui nécessite le moins de frais, et qui est par conséquent le plus avantageux pour le cultivateur. Quelquefois les circonstances

permettent d'avoir recours à un mode d'engraissement mixte, qui consiste à laisser paître les animaux
pendant un certain temps, et à compléter leur nourriture à l'étable.

Les veaux sont aussi, dans quelques contrées,
élevés en vue de l'engraissement. Mais, chez un
cultivateur ordinaire, ils sont nourris, selon le **sexe**,
pour la reproduction ou pour le travail et pour le
lait. Dans tout autre cas, ils sont livrés à la boucherie
12 ou 15 jours après leur naissance, avant qu'ils
aient pris aucune autre nourriture que le lait de leur
mère.

Espèce ovine. — Deux cas sont à considérer
dans l'engraissement des moutons : 1° ou on élève
ces animaux en vue de la production de la viande :
l'engraissement est alors une véritable industrie ;
2° ou on engraisse seulement les animaux de rebut,
impropres à la reproduction ou à toison défectueuse ;
dans ce cas, l'engraissement est tout à fait accidentel.

Lorsqu'on nourrit les moutons pour les engraisser,
on doit faire choix d'une race qui prenne graisse
facilement et aux moindres frais possibles. Les moutons sont engraissés ou aux pâturages ou à la bergerie, ou en même temps aux pâturages et à la
bergerie. Dans le premier cas, la qualité des pâturages
influe beaucoup sur le succès de l'opération : il
importe donc de les bien choisir lorsque faire se
peut, et surtout de les bien conditionner. La pâture
dans les chaumes après la moisson est favorable à
l'engraissement, parce que les moutons trouvent,
dans les épis laissés sur le champ, une nourriture
très-substantielle. Dans le mode d'engraissement
mixte, on donne une ration aux moutons avant
d'aller en pâture, et une autre lorsqu'ils en revien-
nent. Quant aux moutons engraissés à la bergerie,
ils doivent être soignés d'après les conseils généraux
exposées précédemment.

Espèce porcine. — Le porc n'est élevé qu'en

vue de l'engraissement : c'est l'animal qui est le moins difficile sous le rapport de la nourriture.

Il y a cependant des cas ou l'engraissement du porc présente quelques difficultés : c'est lorsque cet animal, au lieu de demeurer en repos, s'agite continuellement, fouille avec son museau, et retourne tout le fond de sa loge. On remédie à cet inconvénient en faisant subir au porc l'opération du *bouclement* : elle consiste à fixer à l'extrémité du museau, entre les deux narines, un bout de fil de fer ou un clou. Lorsque, muni de cet appareil très-simple, le porc veut satisfaire sa passion favorite, il éprouve une douleur occasionnée par l'appareil, ce qui le force à rester tranquille.

Les porcs soumis à l'engraissement doivent être castrés.

Volaille. — Dans certaines régions, l'engraissement de la volaille est une véritable industrie qui occupe un grand nombre d'éleveurs. Pour un cultivateur ordinaire, qui généralement n'a que des poules pour toute volaille, cet engraissement n'est qu'accidentel ; on ne le pratique que lorsque les poules vieillissent ou ne pondent plus suffisamment. Pour pratiquer cet engraissement à peu de frais, il convient de renfermer les individus que l'on y soumet, de les nourrir abondamment, de se conformer avec eux aux conseils que nous avons exposés précédemment.

FIN DE LA PREMIÈRE PARTIE.

DEUXIÈME PARTIE.

ARPENTAGE ET CONSTRUCTIONS RURALES.

CHAPITRE PREMIER.

NOTIONS PRÉLIMINAIRES.

42e Leçon. — Considérations générales.

S'il importe à un cultivateur de connaître ses terres, les plantes qu'il cultive, les animaux qu'il nourrit; il n'est pas moins essentiel pour lui de savoir mesurer son bien : quelques notions d'arpentage ne seront donc pas déplacées ici.

On entend par *arpentage* l'art de mesurer les terrains pour savoir leur étendue et leur contenance. Les mesures employées sont dites *agraires*. L'unité de ces mesures s'appelle *are* : elle vaut en surface un carré de 10 mètres de côté. Les autres mesures sont : l'*hectare*, valant 100 ares ou 1,000 mètres carrés, et le *centiare*, mesure 100 fois plus petite que l'are et valant par conséquent 1 mètre carré.

Autrefois, avant le nouveau système des mesures, celles employées dans les champs variaient d'un pays à l'autre, et même d'un village au village voisin; il en résultait de grands inconvénients. En effet, des mesures portant le même nom avaient quelquefois des valeurs bien différentes : la *verge*, une de ces mesures, exprimait plus de dix contenances diverses: c'était un embrouillamini à ne pas s'y reconnaître.

Mais le système métrique aujourd'hui en vigueur a fait disparaître toutes ces anciennes mesures, au grand avantage de tout le monde.

Cependant, comme dans presque tous les villages beaucoup de personnes comptent encore en anciennes mesures, il convient de savoir convertir ces dernières en nouvelles et réciproquement. Pour cela, il suffit de savoir le rapport de l'ancienne mesure usitée à l'are, et *vice versa*.

Soit à trouver, par exemple, la contenance en ares d'une parcelle de terrain de 30 verges. *(Je sais que la verge dont il est ici question est 2 f. 60 plus petite que l'are).* La parcelle contiendra 2, 60 fois moins d'ares que de verges, cela est évident : le quotient de la division de 30 par 2, 60 exprimera par conséquent cette contenance, qui est 11 ares 53 centiares.

Soit la question inverse à résoudre : une parcelle de 20 ares dont on désire savoir la contenance en verges. Un are valant 2, 60 verges ; 20 ares vaudront 20 fois 2, 60 verges : une simple multiplication nous donnera la contenance demandée, qui est de 52 verges.

Ainsi, pour exprimer en ares une contenance donnée en mesures locales, *on divise cette contenance par le rapport de la mesure locale à l'arc: le quotient est le nombre d'ares.* Réciproquement, pour exprimer en mesures locales une contenance donnée en ares, *on multiplie le nombre d'ares par le rapport de la mesure locale à l'are: le produit est la contenance demandée.*

43e Leçon. — Définitions.

Avant d'entrer dans le détail des opérations à faire pour le mesurage des champs, il faut d'abord connaître les termes ou mots nécessaires pour l'intelligence de ces occupations.

On appelle *ligne* (fig. 1) plusieurs points placés à la suite des uns des autres. Souvent ils se touchent, comme dans l'arête d'une règle; quelquefois ils ne se touchent pas : on a alors une ligne *pointée* ou *ponctuée* (fig. 1).

Une ligne est *droite* quand elle trace le plus court chemin d'un point à un autre. Elle est courbe dans tous les autres cas.

Une ligne droite peut être *horizontale, verticale*, ou *oblique* (fig. 2): horizontale, si elle est dans la même position que le dessus d'un plancher bien uni; verticale, si elle a la même position qu'un fil à plomb; oblique dans tous les autres cas.

Une ligne courbe s'appelle *circonférence* lorsque ses deux extrémités se rencontrent, et que tous ses points sont à égale distance d'un point intérieur que l'on nomme *centre*. Exemples : une roue de voiture, de brouette.

Deux lignes droites sont dites *perpendiculaires*, (fig. 3) quand elles tombent l'une sur l'autre sans pencher ni d'un côté ni de l'autre : tels sont les bras d'une croix.

Deux lignes, soit droites, soit courbes, sont *parallèles* (fig. 4) quand elles se tiennent toujours à la même distance l'une de l'autre, quelque longues qu'on les suppose, de sorte qu'elles ne sauraient jamais se rencontrer ni se toucher. Exemples : les arêtes d'une règle, les murs opposés d'une chambre ou d'une table, les bords d'une roue, etc.

Quand deux lignes se rencontrent, elles forment ce qu'on appelle un *angle* (fig. 5); ce dernier comprend l'espace qu'il y a entre les deux lignes. La grandeur ne dépend pas de la longueur de ces lignes, mais seulement de leur écartement: une porte, une armoire, une boîte que l'on ouvre donnent l'idée d'un angle. Les deux lignes qui forment l'angle s'appelle *côtés*; le point où elles se touchent, *sommet*.

Un angle est *droit* (fig. 6), quand ses deux côtés sont perpendiculaires; *obtus* (fig. 7), quand ils sont plus écartés, et *aigu* (fig. 8), quand ils sont plus rapprochés.

On appelle *figure* un espace limité par des lignes : la plus simple est le *triangle* (fig. 9), qui a trois côtés. Exemple, le dessus d'un trépied.

Quand un triangle a deux de ses côtés en angle droit, il est dit *rectangle* (fig. 10), et le troisième côté s'appelle *hypothénuse*. Exemple: une équerre de dessinateur.

Une figure à quatre côtés est un *quadrilatère*. Parmi ceux-ci on distingue : le *carré* (fig. 11), qui a ses quatre côtés égaux et les angles droits ; 2° le *rectangle*, ou *carré long* (fig. 12), qui a ses angles droits et ses côtés égaux deux à deux. Exemples : une ardoises d'écolier, la couverture d'un livre ; 3° le *trapèze* (fig. 13) qui a deux côtés parallèles, avec les angles et tous les côtés qui peuvent être inégaux ; exemples, le dessus et dossier d'une chaise.

Toutes les figures qui ont plus de quatre côtés prennent le nom général de *polygones*. Ainsi on dit un polygone à 5, 7, 9, etc. côtés.

L'espace compris dans une circonférence est un *cercle* (fig. 14). Une ligne qui va du centre à un point quelconque de la circonférence s'appelle *rayon*. Exemples : les jantes d'une roue. Quand une ligne passe par le centre en touchant la circonférence en deux points, c'est un *diamètre*; exemples : deux jantes bout à bout. Si la ligne, tout en touchant la circonférence à deux places, ne passe pas par le centre, c'est une *corde*.

Les lignes, les angles et les figures se désignent, sur le papier, par des lettres placées soit à leur extrémités, soit à leurs points de rencontre. Sur le terrain, on emploie les jalons en lieu et place des lettres.

44ᵉ Leçon. — Instruments d'Arpentage.

Les instruments nécessaires pour mesurer les champs sont : le *mètre*, la *chaîne d'arpenteur*, les *jalons*, les *fiches*, et l'*équerre d'arpenteur*.

Mètre. Il sert surtout dans les petites distances, ou dans certaines circonstances où le maniement de la chaîne serait gênant. Il est en bois, soit d'une seule pièce, soit de plusieurs.

Chaîne d'arpenteur. — C'est surtout l'instrument employé pour mesurer les distances. C'est une chaîne en gros fil de fer, composée de 50 chaînons ou morceaux terminés chacun par des boucles ou anneaux, et reliés entre eux par des anneaux. A tous les mètres il y a un anneau jaune, et le milieu de la chaîne est indiqué par un petit morceau de fil de fer pendant.

La chaîne a 10 mètres de longueur, et chaque chaînon 2 décimètres, excepté ceux de chaque extrémité, qui ont en moins la largeur des poignées terminant la chaîne.

Jalons. — Ce sont des tiges de bois bien droites, ayant environ un mètre et demi de hauteur. L'extrémité qui doit pénétrer dans le sol est pointue, et même quelquefois munie d'un pied en fer; l'autre est fendue et porte dans la fente une feuille de papier blanc ou une plaque colorée, ce qui rend le jalon visible à de grandes distances. Quelquefois, il n'y a ni fente, ni feuille de papier, ni plaque colorée : on se contente de mettre une couleur tranchante à l'extrémité supérieure du jalon.

Fiches. — On appelle ainsi des tiges de 30 centimètres de longueur environ, faites en gros fil de fer; l'extrémité qui s'enfonce dans la terre est effilée, l'autre est recourbée en anneau pour plus de commodité. Un paquet de 10 fiches accompagne toujours une chaîne d'arpenteur.

Equerre d'arpenteur. — Elle consiste en une boîte plus longue que large, ronde ou à huit pans, et faite en cuivre. Cette boîte porte huit fentes à égale distance l'une de l'autre : ces fentes sont dans le sens de la hauteur, et se correspondent deux à deux; elles portent le nom de *pinnules*. Quatre de ces fentes, dont les rayons visuels se croisent à angle droit, sont plus larges dans une partie que dans l'autre; la partie étroite s'appelle *œilleton*, et la partie large, *croisée* ou *fenêtre*. Cette dernière est divisée dans sa longueur en deux parties égales par un crin ou fil de soie. Ces dernières fentes sont disposées de telle façon que la croisée de l'une soit vis-à-vis l'œilleton de celle qui lui correspond, et *vice versa*.

La boîte que nous venons de décrire est la partie la plus importante de l'équerre ; elle se visse sur une petite tige creuse en cuivre appelée *douille*.

Pour se servir de l'équerre, on met la douille, portant elle-même la boîte en cuivre, à l'extrémité d'un bâton droit, le plus souvent divisé en mètres et centimètres, d'une hauteur de 1ᵐ 40 à 1ᵐ 50. Ce bâton se termine à l'extrémité inférieure par un pied en fer, afin d'entrer plus facilement dans la terre. Il porte le nom de *pied d'équerre*. Au repos, la douille se visse dans l'intérieur de la boîte en cuivre, et le tout se place dans une autre boîte en bois.

45ᵉ Leçon. — Conseils Pratiques.

Dans le mesurage des champs, il importe d'opérer rapidement et d'une manière exacte : on remplira ces deux conditions en observant les recommandations suivantes, qui sont toutes pratiques.

Pour se servir d'un mètre droit, on le tient d'une main vers le milieu, et on a soin de bien poser l'extrémité au point où la ligne commence, à chaque point où le mètre vient aboutir. Un mètre pliant, pour être bien tendu, doit se tenir des deux mains, près des extrémités ; on doit surtout veiller à ce qu'il ne fasse aucun zigzag, car c'est autant de pris sur la longueur du mètre.

La chaîne sera suffisamment tendue sans cependant l'être trop ; on s'exposerait à le casser ou à l'allonger. Comme il serait très-difficile de la tendre parfaitement, on lui donne généralement quelques millimètres en plus des dix mètres.

Il convient aussi de savoir vérifier la chaîne. Pour cela on s'y prend de la manière suivante : sur un terrain bien horizontal, on mesure au mètre et avec précaution une longueur de 10 mètres ; on marque avec soin les deux extrémités de la ligne ainsi mesurée. La chaîne, étant ensuite tendue le long de cette ligne, devra la couvrir tout entière ; autrement, elle serait trop longue ou trop courte. Lorsqu'elle dépasse la longueur mesurée, on courbe un ou plusieurs chaînons ; lorsqu'elle ne couvre pas entièrement la ligne, on tire avec force sur les deux poignées, la chaîne étant tendue, ce qui l'allonge.

Les fiches doivent être plantées verticalement, sans quoi on trouverait une longueur inexacte : la même observation s'applique à la plantation des jalons. Pour ne pas déranger les fiches, l'arpenteur et son aide devront marcher un peu à côté de l'alignement.

Dans le mesurage, les deux extrémités de la chaîne seront autant que possible sur une même ligne horizontale; cette condition sera facilement remplie en observant de planter les fiches à la même profondeur.

Les échanges de fiches demandent une grande attention, si l'on tient à prévenir des erreurs souvent très-graves ; c'est pourquoi il est prudent de les compter chaque fois qu'un échange a lieu. Lorsqu'on est obligé d'interrompre le chaînage d'une longue ligne pour faire celui d'une ligne que l'on rencontre, il convient de bien compter les fiches mesurées sur la grande ligne, de noter ce nombre de fiches, et de marquer le point où le chaînage a été interrompu.

Pour se servir de l'équerre, on la plante bien horizontalement, et on n'y porte pas les mains au moment où l'on regarde par les pinnules; autrement, on imprime au pied un balancement qui peut occasionner un faux alignement. Quand on regarde par les pinnules, on applique l'œil le plus près possible d'un œilleton et non pas d'une croisée. Si l'alignement est juste, tous les jalons doivent être cachés par le premier.

CHAPITRE II.

OPÉRATIONS SUR LE TERRAIN.

Les opérations à effectuer sur le terrain, pour le mesurage des champs, sont les suivantes: 1° Tracé et mesure des lignes; 2° Tracé des perpendiculaires et des lignes parallèles; 3° Mesure des terrains.

46ᵉ Leçon.—Tracé et Mesure des Lignes.

Il peut se présenter différents cas et différentes circonstances :

1° Tracé d'une ligne de peu d'étendue. Cette ligne peut être droite ou courbe.

Si c'est une ligne droite, on en marque les deux extrémités, et on tend bien horizontalement un cordeau de l'une à l'autre. Si c'était une circonférence que l'on eût à tracer dans les mêmes conditions, on s'y prendrait de la manière suivante : on planterait bien solidement un piquet au centre; on fixerait à ce piquet, et de façon qu'elle puisse tourner, une corde ou ficelle d'une longueur au moins égale au rayon de la circonférence à tracer. A cette longueur, on attacherait à l'extrémité libre du cordeau une pointe à tracer. Tenant cette extrémité et maintenant la corde un peu raide de façon que la pointe à tracer touchât la terre, on tournerait autour du piquet central : la circonférence se trouvera ainsi marquée sur le terrain.

Ces deux moyens sont employés journellement sur les chemins, dans les jardins, et pour la construction des bâtiments.

2° Tracé d'une droite d'une longueur quelconque. C'est alors que les jalons sont nécessaires. L'arpenteur commence par en planter un à une extrémité de la ligne à tracer. L'aide, muni d'un certain nombre d'autres, va en planter un à l'autre extrémité; il revient ensuite en se dirigeant vers l'arpenteur, qui n'a pas quitté son jalon, et qui, ayant l'œil fixé sur celui planté par l'aide, fait à ce dernier, avec la main, certains signes pour l'indication des points où devront être plantés les jalons intermédiaires. Les signes suivants sont simples et très-compréhensibles, même à une assez grande distance : pour la pose d'un jalon, l'arpenteur, ayant la main levée, l'abaisse verticalement. Si le jalon est posé trop à droite, le mouvement de la main levée sera fait horizontalement vers la gauche ; le même mouvement aura lieu vers la droite si le jalon est trop à gauche.

Une fois les jalons plantés (*ils devront l'être suffisamment pour que le vent n'ait aucune prise sur eux*), si l'alignement est juste, le premier jalon de n'importe quel bout de la ligne devra cacher à l'œil tous les autres.

Il peut arriver que l'arpenteur soit seul pour tracer son alignement. Il y a dans ce cas deux manières d'opérer, selon les circonstances.

1er Mode. Deux jalons sont d'abord plantés aux extrémités de la droite. L'opérateur, reculant à partir de l'un de ces jalons, en plantera un troisième en dehors, mais dans la direction de l'alignement, à un point tel que ce dernier jalon lui cachera les deux autres. Cela fait, il reviendra vers son point de départ. A partir de là, il se dirigera à reculons vers le jalon extrême. A différents endroits qu'il jugera convenable, en observant la même condition que ci-dessus, il placera des jalons intermédiaires qui formeront le tracé de sa ligne. Il aura toujours soin, avant de planter définitivement son jalon, de bien s'assurer si il est dans l'alignement des précédents.

2e Mode. Il peut arriver que l'alignement ne puisse se prolonger ni à un bout ni à l'autre; le moyen donné ci-dessus est alors impraticable, et l'arpenteur est obligé d'opérer par tâtonnement de la manière suivante : ayant comme précédemment planté des jalons aux extrémités, il remarque, de l'un de ceux-ci et dans la direction de la ligne à tracer, soit une motte de terre, soit une pierre, soit une touffe d'herbes, soit même une fleur, en un mot une chose quelconque qui se distingue des voisines : ce sera pour lui un guide dans la plantation de ses jalons. A mesure qu'il en fixera un en terre, il retournera vers le précédent pour aller s'assurer que le dernier planté est bien dans une position convenable. L'arpenteur n'agit par tâtonnement qu'avec le premier jalon ; quand celui-ci est planté, il marche à reculons pour la plantation du troisième, et, arrivé au point voulu, il se guide sur les deux premiers, et il continue son alignement d'après la première méthode.

Il arrive quelquefois que les jalons extrêmes de la ligne à tracer ne sont pas visibles l'un de l'autre, soit en raison de leur trop grande distance, soit par suite de la conformation du terrain, ou d'obstacles placés sur l'alignement. Dans ces cas, on ne doit opérer qu'avec précaution : on plante des jalons intermédiaires d'après les moyens donnés ci-dessus, et en nombre suffisant pour qu'ils soient visibles l'un de l'autre, et qu'ils se rapportent convenablement aux deux jalons extrêmes. Si c'est une haie, un mur de clôture, ou une petite élévation quelconque qui forme obstacle, l'aide peut, en élevant le jalon au-dessus, guider l'arpenteur pour le tracé de l'alignement par delà l'obstacle. Mais si celui-ci est un bâtiment, une montagne, un bois, etc.; ce moyen est impraticable; on a alors recours à un autre que nous indiquerons plus loin, après le tracé des perpendiculaires et des parallèles.

Mesurer une Ligne sur le terrain. Cette opération peut se faire au mètre ou à la chaîne : au mètre, dans le cas de mesure de peu d'étendue; à la chaîne, dans presque tous les autres cas.

La mesure au mètre ne présente aucune difficulté; il suffit, pour bien l'exécuter, de se rappeler les préceptes que nous avons donnés précédemment, et de s'y bien conformer. Dans le cas d'une circonférence, on mesure bien exactement la longueur d'un diamètre, et on multiplie le résultat trouvé par le nombre 3,1416.

La mesure à la chaîne, sans être plus difficile, demande cependant quelques précautions. La chaîne sera d'abord bien tendue, sans qu'il y ait de *voleurs* (on appelle ainsi les raccourcissements que peut subir la chaîne par la mauvaise position des anneaux qui relient les chaînons). L'arpenteur et l'aide se munissent ensuite chacun d'une poignée de la chaîne; l'aide prend encore les dix fiches à la main restée libre. Cela fait, l'arpenteur met le bord extérieur de la poignée, vers le milieu de celle-ci, contre un jalon extrême, et l'aide avance vers le deuxième jalon de la longueur de la chaîne. Tout en avançant, il a dû placer dans la même main que la poignée une fiche qu'il plantera au bout de la chaîne, au milieu et contre le bord extérieur de la poignée. L'arpenteur et l'aide continuent ensuite leur marche pour s'arrêter, le premier, à la fiche plantée; l'autre, à une longueur de chaîne plus loin. Dans ces positions respectives, ils font chacun ce que nous avons dit plus haut; et, de plus, l'arpenteur enlève la fiche, qu'il prend pour continuer sa marche et recommencer ainsi à chaque longueur de chaîne. Quand l'aide a employé toutes ses fiches, il pose sa poignée, retourne vers l'arpenteur qui les a toutes et qui les lui remet, après avoir noté sur le papier la longueur mesurée, laquelle est de 100 mètres. L'arpenteur marque d'une manière quelconque la place ou la dixième fiche était plantée, afin d'y mettre sa poignée, et l'opération continue jusqu'à ce que l'aide arrive à l'extrémité de la ligne à mesurer. Alors, l'arpenteur abandonne sa poignée tout en laissant la chaîne tendue, et va se rendre compte par lui-même du nombre de mètres et de doubles-décimètres qui complètent la longueur de la ligne. Il évalue approximativement les centimètres, à moins qu'il ne se soit muni d'un mètre pliant, qui lui servira pour faire cette évaluation.

La ligne à mesurer peut être en pente; dans ce cas, on agit différemment. Au lieu d'opérer suivant la pente, on mesure autant que possible horizontalement, afin d'avoir la surface productive du champ; car les plantes, quelle que soit la conformation du terrain, poussent verticalement, et l'on comprend facilement qu'il en poussera plus sur un sol horizontal que sur un sol incliné.

Pour mesurer horizontalement une pente, on part toujours de l'extrémité la plus élevée. L'arpenteur s'y place, et l'aide descend suivant l'alignement. Arrivé à une longueur de chaîne, ou à une demi-longueur si la pente est trop rapide, il élève sa poignée, et il tend la chaîne de manière que cette dernière soit dans une position horizontale. Plaçant ensuite une fiche contre le bord intérieur de sa poignée et dans une position bien verticale, l'aide la laisse tomber naturellement. En vertu de son poids, elle s'enfonce dans la terre au point qui correspond au bord de la poignée. Arrivé à cette fiche, l'arpenteur y place sa poignée comme nous l'avons indiqué, et l'aide continue sa marche en opérant toujours de la même manière.

Quelquefois, au lieu d'une pente régulière, le terrain forme des ondulations, de sorte que l'arpenteur, aussi bien que l'aide, peut se trouver dans la position la plus basse. Dans ce cas, l'arpenteur se place de façon que le devant de son corps soit dans une position verticale correspondante avec le jalon ou la fiche, et il élève sa poignée contre lui, à la hauteur voulue pour que la chaîne soit horizontale.

Quelquefois aussi, des obstacles viennent gêner les opérateurs : ici un bâtiment, une roche, un bois ; là un étang, etc. Il faut alors recourir à des moyens que nous indiquerons plus loin. Si ce n'était qu'un mur ou une haie qui formât obstacle, on en mesurerait l'épaisseur, et tout serait dit.

47ᵉ Leçon.—Perpendiculaires & Lignes parallèles.

1° Perpendiculaires. Le tracé des perpendiculaires demande l'usage de l'équerre d'arpenteur. Deux cas peuvent se présenter dans ce tracé : on peut connaître le point où les deux lignes perpendiculaires se rencontrent, où on en ignore la place.

Dans le premier cas, l'arpenteur plante bien verticalement son équerre au point de rencontre, qu'on appelle *pied* de la perpendiculaire. Se plaçant ensuite dans la direction de l'alignement connu, il tourne son équerre, sans la changer de place, jusqu'à ce qu'il aperçoive par deux pinnules opposées les jalons de l'alignement, s'il y en a plusieurs du même côté de son instrument. Dans le cas où il n'y en aurait qu'un, l'arpenteur quitte sa place lorsqu'il l'aperçoit par les pinnules ; puis, se mettant de l'autre côté de l'équerre, il regarde par les mêmes pinnules, mais dans la direction opposée de l'alignement : les jalons qui le continuent devront aussi être visibles par les pinnules. L'équerre, lorsqu'elle remplit ces conditions, est dans une position convenable pour le tracé de la perpendiculaire, laquelle correspond à l'alignement donné par les pinnules opposées aux premières.

Dans le cas où le pied de la perpendiculaire est inconnu, on ne peut opérer que par tâtonnement ; c'est cependant le cas le plus général. On place d'abord son équerre comme nous l'avons indiqué ci-dessus, à l'endroit de l'alignement que l'on juge être ce pied. Regardant ensuite par les pinnules opposées, on devra apercevoir le jalon qui fait partie de la perpendiculaire à tracer. Il faut une bien grande habitude et le coup d'œil juste pour réussir à la première fois ; on tombe presque toujours, d'une quantité plus ou moins grande, soit à droite, soit à gauche du véritable point. On juge alors approximativement la distance dont on s'en est écarté, et on replace son équerre, tout en la maintenant dans l'alignement, d'autant plus à gauche si le jalon de la perpendiculaire est à droite, et réciproquement. Une fois le point trouvé, on détermine l'alignement comme nous l'avons indiqué précédemment.

2° *Parallèles.* On peut opérer soit avec la chaîne seule, soit avec cette dernière et l'équerre.

Premier cas. Soit, à l'aide de la chaîne seule, à tracer une parallèle à l'alignement A B ; la dite parallèle devra passer par le point C (fig. 15).

Je commence par tracer un alignement passant par ce point C et allant aboutir à l'alignement A B. Soit

C D cet alignement, que je prolonge au-delà du point
C. Je mesure C D, et, sur le même alignement, mais
de l'autre côté de C, je mesure une autre longueur
C E égale à C D. Du point E où se termine ma longueur, je trace un autre alignement E F qui va aussi
se terminer sur A B. Je détermine le milieu H de E F :
c'est par ce point H que ma parallèle devra passer.

L'achèvement de l'opération est maintenant facile.
Je connais deux points, C et H, de la parallèle à tracer ;
j'y plante des jalons, et je continue l'alignement
d'après un des moyens donnés plus haut.

Deuxième cas. J'ai, comme dans le cas précédent, à
tracer en C une parallèle à l'alignement A B (fig. 16).
Me transportant sur l'alignement A B, je détermine
le pied D de la perpendiculaire C D. Cela fait, je
jalonne cette perpendiculaire. Retournant ensuite au
point C, je trace une nouvelle perpendiculaire C E qui
a C pour pied, et qui est en même temps la parallèle
demandée.

A l'aide des opérations que nous venons de traiter,
nous pouvons poursuivre un alignement lorsque des
obstacles, tels que maisons, montagnes, cours d'eau,
etc., viennent nous barrer le chemin.

Soit à tracer un alignement du point A au point B,
entre lesquels il y a un étang C (fig. 17).

Après avoir planté des jalons en A et en B, je
regarde si ces deux points sont visibles l'un de l'autre :
dans ce cas, j'opère comme il a été dit précédemment.
Du côté de l'extrémité A, je plante des jalons intermédiaires jusqu'à proximité de l'étang ; je fais de
même du côté de l'extrémité B, et mon alignement
est tracé.

Mais si les deux points A et B ne sont pas visibles,
on s'y prend de la manière suivante :

Je détermine mon alignement jusqu'à proximité de
l'obstacle, jusqu'en D (fig. 18), par exemple. Arrivé
là, je trace une perpenticulaire D E à l'alignement A D
que je viens de déterminer, perpendiculaire que je
prolonge suffisamment pour qu'elle dépasse la largeur
de l'obstacle C. A un point E de la perpendiculaire
qui remplit cette condition, je détermine à la pre-

mière une nouvelle perpendiculaire E F qui sera au moins aussi longue que l'obstacle C. Je trace encore au point F une autre perpendiculaire F H que je fais égale à D E : l'extrémité H appartient à l'alignement A B, que je continue ensuite facilement jusqu'en B.

Dans le tracé précédent, qui demande plusieurs opérations, il importe d'opérer avec exactitude; car une erreur, quelque peu importante qu'elle fût, pourrait être la cause d'une erreur plus grave qui fausserait tout à fait le tracé de l'alignement.

Soit maintenant à mesurer cet alignement que nous venons de tracer.

Je mesure d'abord A D. Me transportant ensuite en E, je mesure E F, qui a juste la même longueur que la partie D H de l'alignement : c'est donc comme si j'avais mesuré cette dernière. Je continue mon opération en allant de F en H, et en mesurant le reste H B de l'alignement. Additionnant les trois longueurs particielles que j'ai trouvées, j'ai la longueur totale A B.

Si l'obstacle est un cours d'eau, le mode de mesurage donné ci-dessus est impraticable ; on a alors recours au suivant :

Soit A B l'alignement à mesurer, lequel est traversé par la rivière D (fig. 19). Si le point B n'est pas trop éloigné du cours d'eau, je trace de ce point un alignement B C sur lequel je choisis un point C tel que, y plaçant mon équerre, j'aperçoive par deux pinnules le point B, et, sans toucher à mon instrument, et sans changer d'œilleton, tel que j'aperçoive aussi par la pinnule la plus voisine de celle qui me servait tout à l'heure, l'autre extrémité A de l'alignement. Le point C ne sera convenable qu'autant qu'il remplira les deux conditions à la fois. Mesurant BC, je trouve la même longueur que si j'eus mesuré A B.

48ᵉ Leçon. — Mesure des Terrains.

Un terrain, quelle que soit sa forme, peut toujours être décomposé en un certain nombre de triangles, de rectangles, de trapèzes. Lorsqu'on sait mesurer ces trois sortes de figures, on est par conséquent à même de faire tous les arpentages.

Mesure d'un triangle. Soit à mesurer le triangle A B C (fig. 20). Je mesure le côté A B, qui prend alors le nom de *base*. Je cherche ensuite sur ce même côté le pied de la perpendiculaire D C qui va se terminer en C, où les deux côtés non mesurés se rencontrent. Cette perpendiculaire est la *hauteur* du triangle. Je mesure cette hauteur : j'ai alors tout ce qu'il me faut pour trouver la contenance du triangle. Je multiplie la longueur de A B par celle de C D ; je divise par 2 le résultat trouvé ; le quotient exprime la contenance du champ.

Tous les côtés du triangle peuvent servir de bases, mais il faut avoir soin de choisir celui qui présente le plus d'avantages. Dans un triangle rectangle, la base est un des côtés de l'angle droit, et la hauteur l'autre côté , de sorte que l'opération est bien simplifiée.

En résumé, pour avoir la contenance d'un triangle, *on multiplie la longueur de la base par celle de la hauteur, et on divise le produit par* 2.

Mesure d'un rectangle. Soit le rectangle A B C D dont on veut savoir la contenance (fig. 12). Je mesure un des grands côtés A B et un des petits côtés B C; je multiplie l'une par l'autre les longueurs trouvées : le produit est la contenance demandée. Par conséquent, pour avoir la surface d'un rectangle, *on multiplie la longueur d'un grand côté par celle d'un petit côté.*

Mesure d'un trapèze. Soit A B C D le trapèze à mesurer (fig. 13). Je mesure les deux côtés parallèles A B et C D ; je prends la moyenne des deux longueurs trouvées. De l'un ou l'autre des côtés mesurés, je tire une perpendiculaire C E qui va de l'un à l'autre : c'est la *hauteur* du trapèze. Je multiplie la longueur de cette perpendiculaire par la moyenne des deux côtés : le produit est la superficie demandée.

Ainsi, pour avoir la surface d'un trapèze, *on prend la longueur moyenne des deux côtés parallèles, et on multiplie cette moyenne par la hauteur.*

Mesure d'un terrain quelconque. Aussitôt qu'on arrive sur un terrain, il faut reconnaître les contours en faisant planter des jalons à chaque angle. Cette opération terminée, on dessine sur une feuille de papier le terrain à mesurer : c'est ce qu'on appelle en *faire le croquis.* Ce croquis, sans être d'une exactitude mathématique, devra représenter le terrain avec son véritable contour. Une fois que l'on a le croquis du terrain, on examine quel sera le moyen le plus court pour le mesurer; on trace sur le croquis tous les alignements que l'on devra tracer sur le terrain : on opère la division en triangles, rectangles et trapèzes. Il n'y a que lorsqu'on a bien étudié le terrain sur le croquis que l'on doit commencer l'arpentage.

Il est impossible de donner des règles fixes pour l'arpentage d'un terrain, la marche à suivre variant selon sa conformation et sa position. Nous donnerons cependant les quelques conseils suivants :

Si le terrain est à trois côtés, son arpentage ne présentera aucune difficulté. On commencera par examiner si le triangle est rectangle ou non ; on agira ensuite comme nous l'avons indiqué précédemment.

Quand le terrain est un quadrilatère, la marche à suivre dépend de la conformation du terrain. Si c'est un carré, il n'y a qu'un côté à mesurer ; si c'est un rectangle, on en mesure deux ; si c'est un trapèze, on a deux côtés et un autre alignement à mesurer. On fait ensuite avec les mesures trouvées les opérations indiquées plus haut. Lorsque le terrain n'est ni un carré, ni un rectangle, ni un trapèze, on s'y prend généralement de la manière suivante :

Supposons que le terrain ait la conformation du quadrilatère A B C D (fig. 21). On tire un alignement A C qui va aboutir aux deux extrémités les plus éloignées : cet alignement prend le nom de *directrice.* A la simple inspection de la figure, on reconnaît immédiatement que la directrice A C sert de basse aux deux triangles A D C et A B C qui composent le

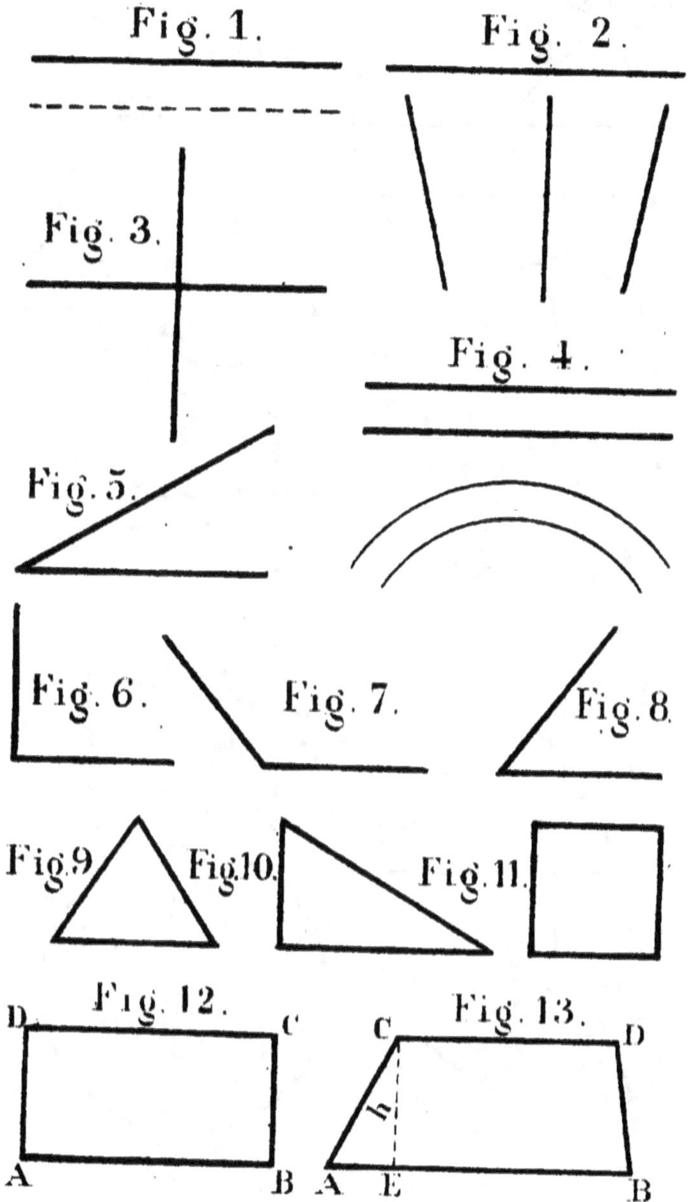

Fig. 1.
Fig. 2.
Fig. 3.
Fig. 4.
Fig. 5.
Fig. 6.
Fig. 7.
Fig. 8.
Fig.9.
Fig.10.
Fig.11.
Fig. 12.
D
C
A
B
Fig. 13.
C
D
A
E
B
h

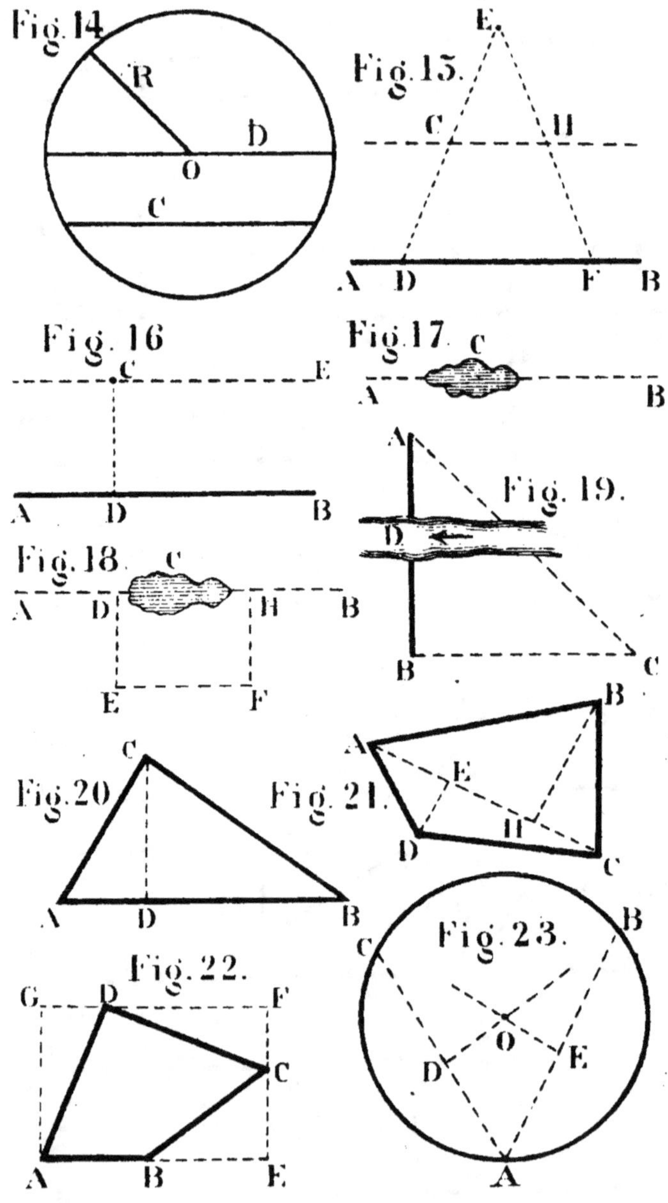
Fig. 14
R
D
O
C

Fig. 15
C
H
E
A
D
F
B

Fig. 16
C
E
A
D
B

Fig. 17
C
A
B

Fig. 18
C
A
D
H
B
E
F

Fig. 19
A
D
B
C

Fig. 20
C
A
D
B

Fig. 21
A
B
E
H
D
C

Fig. 22
G
D
F
C
A
B
E

Fig. 23
C
B
D
O
E
A

quadrilatère. Il n'y a donc qu'à déterminer les deux hauteurs D E et H B : de sorte que la surface du quadrilatère A B C D sera :

$$\frac{AC \times DE}{2} + \frac{AC \times HB}{2}$$

ou, plus simplement encore

$$\frac{DE + HB}{2} \times AC$$

ce qu'on exprime en disant que *l'on prend la moyenne des deux hauteurs, et qu'on la multiplie par la longueur de la directrice.*

Lorsque le terrain a plus de quatre côtés, c'est encore par le tracé d'une directrice que l'on procède à son arpentage. Quelquefois cette directrice va aux angles les plus éloignés ; quelquefois, elle ne va à aucun angle ; quelquefois, c'est un des côtés du terrain prolongé ; quelquefois encore, elle est tout à fait en dehors du terrain. C'est à l'arpenteur à déterminer dans quelle direction il devra la tracer pour simplifier et abréger autant que possible les opérations.

Lorsque tous les arpentages sont terminés, il reste à faire les calculs, qui demandent beaucoup de précaution et aucune précipitation. Il faut surtout faire les preuves de toutes les opérations ; car, quelque habile calculateur que l'on soit, on peut se tromper et donner ainsi une fausse contenance.

Les résultats trouvés sont exprimés en mètres carrés ; pour les avoir en ares, il suffit d'avancer la virgule de deux chiffres vers la gauche ; autrement dit, de diviser par 100.

Mesure d'un terrain dans lequel on ne veut ou on ne peut pénétrer. Quelquefois, il peut arriver qu'on ait à mesurer un terrain ensemencé auquel on ferait beaucoup de tort en traçant et en mesurant des alignements qui le traverseraient. Quelquefois aussi, des obstacles, tels qu'un étang, une maison, etc., viennent s'opposer à la mesure d'un terrain. Il convient alors de pouvoir faire l'arpentage de ce terrain sans aller dans l'intérieur.

Soit A B C D ce terrain (fig. 22). Je l'entoure, je

le renferme dans un rectangle ou un trapèze dont je puisse facilement faire l'arpentage; je fais en sorte, pour simplifier l'opération, que les côtés de la figure enveloppante passent par les angles du terrain à mesurer, et quelle ait même, si cela est possible, un côté commun. Soit A E F G cette figure enveloppante. J'en cherche la superficie, que je suppose être de 45 ares. Je cherche ensuite la superficie du triangle B C E, que je trouve être de 6 ares. Je fais de même pour les triangle D F C et D A G, dont les surfaces respectives sont 4 ares et 10 ares.

La superficie totale du terrain en dehors de celui à mesurer, mais compris dans le polygone enveloppant, est donc 6 + 4 + 10 = 20 ares. D'un autre côté, la superficie du polygone enveloppant, dans lequel se trouvent les 3 parcelles mesurées et le terrain à arpenter, est de 45 ares. Retirant de ce dernier nombre la superficie des 3 triangles, il reste pour celle du terrain, 45 — 20 = 25 ares.

Mesure d'un cercle. Pour avoir la surface d'un cercle, il suffit de mesurer un rayon, de multiplier sa longueur par elle-même et par le nombre 3,1416 : on aura ainsi sa superficie.

Retrouver le centre d'une circonférence. On prend trois points à volonté sur cette circonférence (fig. 23); on joint ces trois points par des alignements, en ayant soin de déterminer le milieu de chacun d'eux. On élève à chaque alignement et par le milieu une perpendiculaire : les deux qui se trouvent ainsi tracés vont se rencontrer à un point qui est précisément le centre de la circonférence.

CHAPITRE III.

CONSTRUCTIONS RURALES.

49ᵉ Leçon. — Notions générales.

On entend par *constructions rurales* l'ensemble des bâtiments nécessaires au cultivateur pour son logement, celui de ses animaux, ainsi que pour la manipulation et la conservation de ses produits.

Lorsque les bâtiments sont importants et l'étendue des champs considérable, l'exploitation prend le nom de *ferme ;* plus restreinte, c'est simplement une *maison de culture*.

Les constructions rurales comprennent: 1º la *maison d'habitation ;* 2º le *logement des animaux ;* 3º des *constructions supplémentaires*.

La maison d'habitation sert au logement des personnes; elle se compose, suivant l'importance du personnel, d'un nombre plus ou moins considérable de chambres comprenant la *cuisine*, où se préparent les aliments; la *salle à manger* et les *chambres à coucher*, dont le nom indique assez la destination.

Les places que nous venons d'énumérer sont groupées par étages; celles qui sont au niveau du sol ou à peu près composent le *rez-de-chaussée*, au-dessous duquel se trouvent les *caves*, ou souterrains destinés à la conservation de certains produits. Au-dessus du rez-de-chaussée est le *premier étage*, souvent unique, et au-dessus duquel sont les *greniers*, servant à différents usages.

Dans une maison de culture bien entendue, le rez-de-chaussée comprend la cuisine, la salle à manger, la laiterie et le cellier.

Le logement des animaux est plus ou moins important, selon le nombre et les espèces d'animaux que comporte la maison de culture. Il peut comprendre : 1º l'*écurie*, pour les chevaux; 2º l'*étable*, pour les bêtes à cornes; 3º la *bergerie*, pour les moutons; 4º la *porcherie*, pour les porcs; 5º le *pou-*

tailler, pour les poules : 6° le *colombier*, pour les pigeons ; 7° le *clapier*, pour les lapins.

L'écurie, l'étable, la bergerie et la porcherie sont toujours établies au rez-de-chaussée, et les greniers à fourrages au-dessus. Quant aux autres parties du logement des animaux, elles peuvent être et sont même souvent établies à une hauteur plus ou moins grande.

Les autres constructions faisant partie d'une exploitation rurale sont : 1° la *grange*, qui sert au battage des céréales ; 2° le *gerbier*, pour l'emmagasinage des grains non battus et de la paille ; 3° le *fournil*, pour la préparation et la cuisson du pain ; 4° la *buanderie*, pour le nettoyage du linge ; 5° un *hangar*, pour les instruments aratoires ; 6° une *remise*, pour le bois de chauffage et diverses choses ; 7° des *lieux d'aisances*, dont personne n'ignore la destination ; 8° une *cour*, où l'on dépose le fumier et qui facilite le service.

50° Leçon.—Choix d'un emplacement.

On appelle *emplacement* le terrain destiné aux constructions.

Souvent l'emplacement n'est pas au choix du cultivateur. Mais lorsque les biens composant l'exploitation sont contigus et que l'on veut bâtir sur la propriété, l'emplacement choisi devra autant que possible réunir les conditions suivantes : 1° la salubrité du terrain et de la position; 2° la facilité et la commodité des transports; 3° la proximité des voies de communication pour la ville ou les villages environnants; 4° la présence d'une source constante, d'un cours d'eau, ou d'une nappe souterraine qui permettra de se procurer facilement et toujours ce liquide indispensable.

Salubrité du terrain et de la position. Les bâtiments ruraux étant destinés au logement des personnes et des animaux, il importe que l'emplacement soit dans de bonnes conditions de salubrité.

afin que les hôtes de ces bâtiments ne soient pas exposés à contracter des maladies ou des infirmités. Le terrain ne sera ni humide ni marécageux; il sera éloigné des eaux stagnantes, et de tout ce qui pourrait vicier l'air. A ces conditions seulement, il n'aura aucune influence fâcheuse sur la santé des hommes et des animaux.

Facilité et commodité des transports. La maison du cultivateur lui sert de magasin; c'est là que sont en dépôt les engrais qui doivent fertiliser ses champs, et les instruments nécessaires pour son travail; c'est là que doivent arriver tous les produits. Il est donc essentiel que l'abord des bâtiments soit facile, que leur position soit telle qu'elle abrége autant que possible le trajet, et qu'elle facilite les transports; en un mot, il importe que tout se fasse rapidement et bien, avec la moindre somme de fatigue pour les personnes et pour les animaux. Il n'en sera ainsi qu'autant que l'emplacement sera convenablement choisi.

Proximité des voies de communication. Le cultivateur produit, non pas seulement pour ses besoins particuliers, mais aussi pour le commerce : le voisinage d'une route, d'une gare de chemin de fer, d'un cours d'eau navigable, d'un établissement industriel employant les produits qu'il peut livrer, sera pour lui d'un grand avantage. Dans le choix d'un emplacement, il devra donc tenir compte de ces choses, et s'arrêter à un terrain qui lui permettra un rapide et facile écoulement de ses produits.

Présence d'une source, d'un cours d'eau ou d'une nappe souterraine.—L'eau est un liquide tout à fait indispensable pour l'entretien des hommes et des animaux : une maison de culture doit donc en être pourvu, ou pouvoir s'en procurer facilement. Pour cela, il faut, dans le voisinage de l'emplacement, soit une source qui ne tarisse jamais, et assez abondante pour fournir l'eau nécessaire aux besoins domestiques; soit un fleuve, une rivière ou un ruisseau donnant une eau de bonne qualité; soit une nappe d'eau souterraine qui permettra de faire facilement arriver ce liquide à la surface du sol.

Lorsque les bâtiments ruraux sont à proximité d'un cours d'eau, ce dernier peut, par ses débordements, envahir le rez-de-chaussée, le rendre momentanément inhabitable, et y produire des dégats. Ce sont là des inconvénients qu'il faut autant que possible éviter par le choix de l'emplacement.

Quelquefois on est obligé de bâtir dans des positions où il est très-difficile de se procurer de l'eau : il faut dans ce cas construire des *citernes*, ou souterrains pour recueillir les eaux de pluie et les conserver.

51ᵉ Leçon.—Construction.

La disposition à donner aux bâtiments ruraux dépend de l'étendue et de la position de l'emplacement, de l'importance de l'exploitation, des espèces d'animaux, du but que le cultivateur se propose dans son travail. Dans quelques conditions que l'on soit placé, la disposition des bâtiments doit toujours être telle que le service intérieur se fasse commodément, que la surveillance soit facile, que les personnes et les animaux soient logés dans de bonnes conditions de salubrité.

Lorsqu'on se propose de construire, que l'emplacement est choisi, il faut bien étudier ce dernier. On en fait le croquis comme pour l'arpentage d'un champ, et c'est sur ce croquis que l'on trace la disposition et la distribution de ses bâtiments; on cherche la surface de l'emplacement, afin de savoir les dimensions à donner aux diffrentes parties des constructions.

Quand on bâtit, on doit rechercher la solidité et la salubrité des constructions; le bon marché des matériaux et de la main-d'œuvre.

Solidité.—Tous les murs reposeront sur des fondations assez profondes et maçonnées à la chaux; on emploiera de la bonne pierre reliée par un mortier de chaux ou de terre tenace et liante; les murs principaux auront au moins 50 cent. d'épaisseur. La charpente sera suffisamment forte et faite en bois sec; il en sera de même des planchers, des portes et des fenêtres. La toiture sera en ardoises plutôt qu'en toute autre chose : en tuiles, elle serait trop lourde; en chaume, elle serait trop inflammable.

Salubrité. — Les murs des bâtiments d'habitation seront revêtus à l'intérieur d'un enduit de plâtre ou de chaux; les pièces du rez-de-chaussée seront autant que possible planchéiées; les cheminées seront construites de manière à avoir un bon tirage; il y aura au moins une fenêtre par chambre, mais d'eux conviendront mieux qu'une; toutes les places seront plafonnées.

Les écuries, étables et bergeries seront intérieurement badigeonnées à la chaux, aérées par des ouvertures assez nombreuses, pavées en pente insensible, et pourvues dans la partie la plus basse d'une rigole ou conduit qui permet au purin de se rendre dans la fosse, au lieu de séjourner sous les animaux. Les planchers seront construits de façon à ne pas permettre aux graines fourragères provenant des foins de passer au travers, de tomber sur les animaux et de se mêler au fumier.

Les lieux d'aisances seront placés de manière à ce que l'odeur qu'ils exhalent n'incommode ni les personnes ni les animaux; ils seront pourvus d'ouvertures pour que l'air se renouvelle facilement.

Bon marché. Le prix des matériaux et de la main-d'œuvre est bien variable : c'est à celui qui construit de s'y prendre de façon à ce que ses constructions soient faites dans des conditions avantageuses et à bon marché.

Il est inutile de recommander aux cultivateurs de choisir leur temps pour bâtir, et de profiter surtout du printemps pour cela, alors que les provisions anciennes touchent à leur fin, et que les nouvelles ne sont pas encore rentrées.

TROISIÈME PARTIE.

NOTIONS D'HYGIÈNE.

CHAPITRE PREMIER.

HYGIÈNE DES PERSONNES.

L'hygiène est l'art de conserver la santé. Elle nous enseigne à éviter les maladies, à maintenir le corps à l'aise, dans un état tel que nous ne ressentions aucune souffrance. En suivant ses préceptes, nous conservons, nous augmentons même nos forces; nous prolongeons notre existence.

Le cultivateur, dont la vie est pleine de fatigues, dont le corps est souvent exposé à toutes les intem-péries, a tout intérêt à connaître les préceptes de l'hygiène et à les mettre en pratique : c'est pourquoi nous allons en exposer les principaux, ceux surtout dont l'application est fréquente, simple et à la portée de tous.

52ᵉ Leçon. — Nourriture, Respiration, Travail, Propreté.

Le corps de l'homme se forme, se développe et s'entretient par les aliments que l'on introduit dans son intérieur, et par l'air qu'il respire. Sans la nourriture et la respiration, il n'y a pas de vie possible, et l'état de la santé dépend en grande partie des conditions dans lesquelles s'accomplissent ces deux actes. Il importe donc essentiellement d'y apporter tous ses soins.

Nourriture. On ne doit manger que quand le besoin se fait sentir, et le repas devra se terminer aussitôt que ce besoin sera satisfait.

Les aliments, avant d'être avalés, seront bien divisés par les dents, bien mâchés : ils profiteront d'autant plus, et la digestion se fera d'autant plus rapidement et plus complètement.

Il faut éviter de manger précipitamment ; car, outre le mauvais effet que cela produirait sur la société, on s'exposerait à des indigestions.

On ne doit rien prendre à contre-cœur: les aliments qui nous répugnent sont mal digérés et exposent à des malaises.

Il faut de la tempérance dans le boire et dans le manger, car l'excès de boisson et de nourriture ruine la santé et abrége la vie.

Respiration. On doit éviter avec soin tout ce qui peut contrarier la respiration, ainsi que l'introduction dans notre corps d'un air mauvais. La respiration ne s'accomplit pas dans de bonnes conditions :

1º Lorsque l'on reste longtemps dans une chambre fermée où il y a beaucoup de monde, et où l'on brûle du charbon ;

2º Lorsque, en hiver, on s'enveloppe la tête dans les couvertures pour dormir la nuit, ou lorsqu'on la cache sous les oreillers ou le traversin ;

3º Lorsqu'on porte des vêtements trop serrés ;

4º Lorsque l'on couche dans une chambre renfermant des plantes.

Quand on est un certain temps sans respirer, on meurt, et ce genre de mort porte le nom d'*asphyxie*. Ainsi, les noyés, les pendus, meurent par asphyxie, parce que, dans l'un et l'autre cas, l'air n'a plus de passage et ne peut aller jusqu'aux poumons.

Nous allons indiquer les premiers soins à donner lorsqu'on se trouve en présence d'asphyxiés dont on conserve encore quelque espoir de rappeler à la vie.

Pour un noyé, aussitôt sa sortie de l'eau, on enlève ses habits et on recouvre son corps avec des vêtements secs. On le couche sur le dos en tenant son cou libre ; on lui souffle sur le visage ; on irrite ses narines avec les barbes d'une plume ; on lui ouvre la bouche et on irrite légèrement l'arrière-gorge afin de déterminer un vomissement favorable à la respiration ; on frictionne la poitrine, la région du cœur, les extrémités des membres, avec un linge sec et chaud. Si le corps n'est pas refroidi, en été surtout, on jette un peu d'eau froide sur le ventre pour déterminer une contraction. On s'efforce de faire entrer l'air dans la poitrine par tous les moyens possibles. Enfin le noyé, mis dans un lit bien chaud, sera excité par des odeurs piquantes, et pourra recevoir un lavement d'eau salée ou vinaigrée. Ces soins seront continués assez longtemps ; car on a vu des noyés rappelés à la vie après être restés plusieurs heures dans un état d'insensibilité.

Pour un pendu, il faut d'abord couper la corde, lui dégager le corps en desserrant ses vêtements, le coucher en tenant sa tête un peu élevée. On frotte ensuite toutes les parties de son corps avec des brosses, de la laine trempée d'eau-de-vie, ou de tout autre liquide fort, on administre des lavements à l'eau salée ; on maintient ouverts la bouche et le **nez**, afin que l'air s'y introduise plus facilement et gagne ensuite les poumons.

L'asphyxie peut aussi être occasionnée par le froid et par la chaleur. Dans le premier cas, les membres s'engourdissent, le corps se refroidit, et bientôt le sang cesse de circuler et les poumons de respirer. Dans le second cas, la vie semble s'éteindre tout d'un coup ; c'est ce qu'on appelle un *évanouissement* ou une *faiblesse*.

Lorsqu'on se trouve en présence d'une personne engourdie par le froid, il faut avoir soin de ne réchauffer son corps que peu à peu et lentement. On le frictionne avec de la neige, puis avec des linges mouillés, ensuite avec de la laine sèche. On déposera le malade dans un lit non chauffé; on l'enveloppera de couvertures; on emploiera les odeurs fortes; et, s'il revient à la vie, on lui fera prendre des liqueurs fortifiantes.

Lorsqu'une personne est évanouie, on jette de l'eau froide sur son visage et sur sa poitrine; on applique sur son front et sur sa tête des linges trempés d'eau-de-vie ou de vinaigre; on irrite ses narines avec une plume; on lui passe sous le nez de l'eau-de-vie ou du vinaigre.

Lorsque l'asphyxie a eu lieu dans une chambre où l'on brûle du charbon, on se hâte d'enlever la personne du local, ou du moins d'en ouvrir les portes et fenêtres, afin que l'air se renouvelle. On asperge, on frotte la poitrine et les autres parties du corps avec de l'eau vinaigrée, de l'eau-de-vie camphrée, etc. Quelques minutes après, on essuie le corps avec des linges chauds, puis on recommence les aspersions pour essuyer ensuite. On chatouille les parties irritables du corps, telle que la plante des pieds; on irrite les narines avec des barbes de plume; on lance dans le nez de l'eau-de-vie, du vinaigre, ou toute autre liqueur irritante; enfin on insuffle de l'air dans les poumons de l'asphyxié. Il faut continuer ces divers secours pendant longtemps, alors même que l'individu paraît mort; souvent il faut opérer ainsi plusieurs heures, et persister surtout dans l'insufflation de l'air dans les poumons. Une fois que la vie est redevenue sensible, on doit coucher l'asphyxié dans un lit chaud, les fenêtres de la chambre étant ouvertes. On lui fera prendre, par petites portions, des vins chauds, sucrés et d'une nature généreuse. Tout ce qui reste à faire ensuite est du domaine du médecin.

On traitera de la même manière les personnes asphyxiées par le gaz qui s'échappe du raisin en fermentation.

Lorsqu'on vide une fosse d'aisances, on peut aussi être asphyxié par les gaz qui en sortent : il faut alors au plus vite soustraire la personne à cette atmosphère empoisonnée, lui desserrer ses vêtements lui jeter de l'eau froide à la figure, lui faire respirer ou même boire, si cela se peut, de l'eau légèrement vinaigrée.

Tous ces soins ne dispensent pas de la visite du médecin, qui doit être appelé en toute hâte dans les différents cas d'asphyxie : ils seront seulement donnés en attendant son arrivée.

Travail. — L'homme est né pour le travail, non pas un travail continuel, car de cette façon ses forces seraient bientôt épuisées, et par cela même sa vie serait de courte durée; mais pour un travail interrompu, puis repris, et séparé par des intervalles de repos.

Le repos est de trois sortes : le repos pendant le jour, le repos de la nuit, le repos du dimanche.

A certains moments de la journée, après un exercice plus ou moins long, nos membres s'alourdissent, deviennent paresseux; nous éprouvons un malaise particulier dû à la fatigue : nous avons alors besoin de repos. En continuant le travail, nous nous exposerions à des maladies : le plus sage est donc de se reposer. Ce ne sont pas les personnes qui s'arrêtent le moins souvent qui font le plus de besogne, mais celles qui, cédant par moments au commencement de lassitude qu'elles éprouvent, puisent dans un peu de repos du courage et une nouvelle ardeur au travail.

Après les repas surtout, le repos est nécessaire; car, en se remettant au travail immédiatement, on contrarie la digestion et on s'expose à des maladies. Il doit y avoir au moins une heure d'intervalle entre le repas et la reprise du travail.

Pour se reposer dans le jour, il ne faut se coucher ni sur la terre humide, ni sur la pierre, ni à l'ardeur du soleil : on s'exposerait ainsi à des maladies de poumons quelquefois incurables.

Le repos de la nuit se prend dans un meuble particulier appelé *lit*, et l'état dans lequel on se trouve porte le nom de *sommeil*. Le lit doit être placé dans une chambre bien aérée, et de telle façon que l'air puisse se renouveler facilement tout autour. Les différentes parties qui composent la literie seront d'une grande propreté, et les draps seront renouvelés au moins une fois par mois, et même deux fois en été, dans les grandes chaleurs.

Lorsque l'on est au lit, le corps doit être dans une position horizontale, à l'exception de la tête, qui sera un peu plus élevée. Il faut bien se garder d'étendre la couverture sur la bouche et le nez : on contrarierait ainsi la respiration et on s'exposerait à de graves inconvénients. On ne doit pas rester trop longtemps au lit : la circulation du sang se ralentit, et on est prédisposé à la paresse. Sept heures de sommeil suffisent grandement pour reposer le corps de ses fatigues.

Le repos du dimanche n'est pas moins nécessaire que le repos de la nuit. Il est pourtant en grande partie méconnu aujourd'hui, au détriment de la santé des personnes qui ne l'observent pas. Beaucoup se trompent sur le repos du dimanche. Pour ceux-là, se reposer ce jour, c'est quitter le travail de la semaine pour en faire un autre; c'est passer la plus grande partie de la journée, et quelquefois de la nuit, à boire en excès, à s'eniver, à se ruiner la santé, et finalement recueillir la misère, la honte, et quelquefois même le désespoir et la mort. Le repos du dimanche bien entendu consiste à remplir ses devoirs religieux en assistant aux offices de l'église, à passer le reste de la journée en famille, avec ses parents ou ses amis; à s'amuser et se distraire avec les siens, donnant ainsi le bon exemple à ses enfants si on est père de famille, se faisant estimer et rechercher, quel que soit l'état dans lequel on se trouve, quelle que soit la position sociale qu'on occupe.

Propreté. — La propreté, c'est la santé, avons nous dit dans une autre partie de cet ouvrage ; cela prouve assez l'importance que l'on doit y attacher. Mais là ne se borne pas le rôle de la propreté : elle amène l'ordre, l'économie, et finalement elle produit l'aisance et le bonheur.

On doit être propre sur sa personne, dans les vêtements, les aliments, le logement, le mobilier. etc.

Pour être propre sur sa personne, il faut se **laver** tous les matins la figure, le cou, les mains; ces dernières devront encore être lavées avant de se mettre à table, et aussitôt après un travail qui les salit. On doit laver tout son corps assez souvent, surtout en été, lorsque la transpiration est abondante. Pour cela on prend des bains, c'est à dire qu'on plonge entièrement son corps dans l'eau. Les bains de rivière sont salutaires quand l'eau n'est pas trop froide; mais il faut bien se garder de prendre cet exercice aussitôt après un repas : on s'exposerait à perdre la vie. Immédiatement après être sorti de l'eau, on doit s'essuyer et se rhabiller. Les parties du corps qui suent beaucoup, comme les pieds, doivent être lavées souvent, afin de ne pas donner à la saleté le temps de s'attacher à la peau, et d'y causer quelquefois des maux et des souffrances. Il convient aussi de se laver la tête et de se ranger les cheveux tous les matins : c'est le meilleur moyen d'empêcher la multiplication des poux.

Pour être propre dans ses vêtements, il ne faut pas garder les mêmes trop longtemps sur le corps, surtout ceux qui sont en contact avec la peau, tels que le caleçon, la chemise, le pantalon, les bas ou les chaussettes; il convient de les changer au moins une fois par semaine.

La propreté dans les aliments s'obtient par la bonne tenue des vases et des ustensiles qui servent à leur cuisson et à leur préparation, de ceux que l'on emploie pour manger; elles s'obtient encore par une bonne revue des plantes qui servent à notre nourriture : il convient de les bien laver et de les bien nettoyer avant de les employer.

Pour être propre dans son logement, que l'on balaie ses chambres tous les jours, qu'on lave souvent celles qui sont habitées; qu'on n'y laisse séjourner aucune espèce de saleté; qu'on détruise journellement les toiles d'araignées; qu'on lave le verre des croisées chaque fois qu'il se ternit, etc.

La propreté dans le mobilier consiste à entretenir les meubles, les laver, les cirer, les nettoyer, faire le lit tous les matins, etc.

Tels sont les préceptes dont l'accomplissement si facile constitue la propreté avec tous les avantages qu'elle procure.

53e Leçon. — Hygiène des Accidents.

Le cultivateur, qui manie constamment les instruments aratoires, qui est en compagnie d'animaux soit de travail, soit de produit, est exposé à certains accidents qui, soignés immédiatement et convenablement, ne présentent généralement pas de gravité; mais, s'ils sont négligés, il peut en résulter de graves inconvénients. Il importe donc que l'on soit à même, en attendant l'arrivée d'un homme de l'art, d'administrer les premiers soins.

Les principaux accidents auxquels un cultivateur est exposé sont : les *blessures*, les *foulures* ou *entorses*, le *déboîtement des os du bras ou de la jambe*, les *fractures des membres*, les *morsures des bêtes venimeuses*, *des chiens enragés ou supposés tels*, les *piqûres*, les *brûlures*, les *clous*, les *tournioles*, les *panaris*, *etc.*

Les blessures sont de diverses sortes, selon les causes qui les ont produites. Dans tous les cas, on devra se conformer aux préceptes suivants : si la blessure présente une plaie grave, il faut se hâter d'aller chercher le médecin, et en attendant son arrivée, on relève le blessé avec précaution, on le transporte sans secousse dans un lieu rapproché où il puisse être secouru. Ensuite on lave la partie blessée avec un linge imbibé d'eau fraîche, afin de la débarrasser des corps étrangers qui pourraient la salir et aggraver la douleur. Dans le cas d'une plaie peu large et peu profonde, telle qu'une simple coupure, on en rapproche les bords, on les maintient tels, et pour cela on les couvre d'un morceau de taffetas d'Angleterre ou de sparadrap, compositions que l'on trouve chez les pharmaciens, et dont on devrait toujours avoir une petite provision.

Ce qui effraye le plus souvent dans les blessures, c'est l'abondance du sang qui s'en échappe. Pour arrêter cet écoulement, on entoure la plaie et on la presse avec un linge imbibé d'eau froide. Si ce moyen ne suffit pas, on applique sur la plaie soit des morceaux d'amadou, soit des tampons de charpie maintenus avec la main, ou avec un mouchoir, ou avec un bandage quelconque qui produit une légère compression. Si le sang est d'un rouge vif et sort par jets saccadés, si le blessé est pâle et défaillant, c'est alors qu'il importe d'arrêter le sang au plus vite. Pour cela, on exerce avec les doigts une forte pression sur l'endroit d'où sort le sang ; on remplacera ensuite cette compression par des tampons d'amadou, de charpie ou de linge appliqués sur la plaie ou au-dessus ; ils seront maintenus par une bande assez serrée.

Si le blessé crache ou vomit le sang, on le place sur le dos ou sur le côté où est la blessure ; on lui élève et on lui soutient doucement la tête et la poitrine, et on lui fait boire quelques coups d'eau fraîche.

Dans le cas de foulure ou d'entorse, il faut autant que possible plonger la partie blessée dans de l'eau fraîche, l'y maintenir longtemps en renouvelant l'eau à mesure qu'elle s'échauffe. Si on ne peut mettre dans l'eau la partie foulée, on l'entoure de linges imbibés d'eau maintenue fraîche par un arrosement continuel. Si l'accident a produit le déboitement des os, il faut éviter de faire subir au membre malade aucun mouvement brusque et étendu. Seulement, on placera et on maintiendra ce membre dans la position qui occasionne le moins de douleur au blessé, et on attendra ainsi l'arrivée d'un homme de l'art. Si c'est une fracture, les mêmes précautions sont à prendre. Lorsqu'elle est au bras, à l'avant-bras ou à la main, on rapproche doucement le membre du corps, et on le soutient avec une écharpe dans la position le moins pénible pour le blessé. Lorsque c'est à la cuisse ou à la jambe, on couche le blessé, on étend avec précaution sur un oreiller le membre fracturé, et on le maintient avec des ligatures. On peut aussi rapprocher de l'autre le membre blessé, les lier ensemble et les unir dans toute leur longueur sans trop les serrer, et de manière que le membre sain soutienne le membre blessé, et empêche le dérangement de la fracture. Il faut surtout empêcher le pied de se tourner en dedans ou en dehors.

Lorsqu'on est mordu par des bêtes venimeuses, par des chiens enragés ou supposés tels, on doit immédiatement presser la blessure dans tous les sens, afin d'en faire sortir le sang et la bave. On lave ensuite cette blessure soit avec de l'ammoniaque liquide, soit avec de l'eau de lessive, de chaux, de savon ou de sel, et, à défaut, avec de l'eau fraîche et même de l'urine. Si le médecin tarde à arriver, on fait chauffer à blanc un morceau de fer que l'on aplique sur la morsure, afin de faire disparaître toutes les parties de chair atteintes par l'animal.

La piqûre des abeilles, des guêpes et des frelons, sans être dangereuse, occasionne des souffrances et produit un gonflement des chairs gênant et disgracieux. On combat et on arrête ces mauvais effets en lavant l'endroit piqué avec de l'eau vinaigrée, salée ou étendue d'ammoniaque liquide.

Dans le cas de brûlures, on conserve et on replace avec le plus grand soin les parties de la peau soulevées ou arrachées, on perce les ampoules avec une épingle et on en fait sortir le liquide. On couvre ensuite la partie brûlée de linge fin enduit de cérat ou trempé dans de l'huile d'amandes douces, et on place par dessus ce linge des compresses imbibées d'eau fraîche, que l'on arrose fréquemment.

Les mains et les doigts sont surtout exposés à certains accidents qui, sous le nom de clous, tournioles, panaris, etc., font beaucoup souffrir et produisent quelquefois, lorsqu'ils sont négligés, des inconvénients plus graves : il importe donc d'y apporter tous les soins voulus.

Pour un clou, il faut tenir en repos la partie malade, lui faire prendre des bains tièdes et adoucissants, appliquer dessus des cataplasmes de même nature et très-peu chauds. Si la peau tarde à s'ouvrir ou que l'onverture soit insuffisante, on pratique une incision.

Pour une tourniole, il faut percer l'ampoule, afin de livrer passage au liquide qu'elle contient, ensuite on coupe la peau collée, et on couvre la plaie d'un linge fin enduit d'huile ou de cérat ; on applique par dessus un cataplasme de mie de pain et de lait : ce cataplasme sera tiède seulement, et on le renouvellera à mesure qu'il séchera.

Pour un panaris, il est toujours prudent de voir un médecin. Mais, dès le commencement de la maladie, on peut calmer la douleur qu'elle cause par des bains tièdes de guimauve et de pavot, par des cataplasmes faits avec les mêmes plantes et de la mie de pain.

Lorsqu'on souffre de l'un ou de l'autre des accidents que nous venons d'énumérer, il faut suspendre tout travail, et ne reprendre ses occupations habituelles qu'après une parfaite guérison ; autrement, on s'expose à fouler la partie malade, et le mal est alors pire qu'auparavant.

CHAPITRE II.

HYGIÈNE DES ANIMAUX.

Dans une autre partie de cet ouvrage, nous avons parlé de la manière de soigner, de nourrir, de loger les animaux, pour les maintenir autant que possible en bonne santé. Il nous reste à indiquer succintement la conduite à suivre dans les cas d'indisposition ou de maladie auxquels le bétail est le plus exposé. Il est toujours prudent d'avoir recours au vétérinaire, qui sera immanquablement appelé lorsque l'état de souffrance de l'animal se prolongera ou augmentera de gravité.

54ᵉ Leçon. — Maladies du gros Bétail.

On reconnaît qu'un animal est souffrant lorsqu'il paraît triste et abattu, qu'il ne mange pas; lorsqu'il se place autrement que d'habitude, qu'il prend une posture qui n'est pas naturelle, qu'il n'est pas tranquille; lorsqu'il a le corps brûlant ou glacé. L'existence de ces signes étant bien reconnue, il convient d'appeler au plus tôt le vétérinaire, qui seul est à même de reconnaître la maladie et d'indiquer les remèdes nécessaires.

Lorsqu'un bœuf, une vache, un mouton, une chèvre, ne ruminent pas après un repas, c'est preuve qu'ils éprouvent du malaise. On leur administre aussitôt quelques boissons chaudes, telles que des infusions de sauge, de romarin, de camomille, dans du vin. Si, malgré cette précaution, la rumination ne revient pas au bout d'un certain temps, il faut alors avoir recours aux lumières d'un homme de l'art.

Le gros bétail est sujet à plusieurs maladies; mais les plus communes, celles qui réclament des soins immédiats, en attendant l'arrivée d'un vétérinaire, sont la *colique* et la *météorisation*.

Colique. — Lorsqu'un animal est atteint de la colique, il exécute des mouvements désordonnés; il se jette violemment par terre, se roule sur le sol, se relève pour se laisser retomber et pour recommencer de même. Le premier soin à prendre est de faire marcher constamment l'animal, le forcer même avec le fouet s'il le faut : cet exercice a pour but de prévenir les chutes par lesquelles l'animal pourrait se blesser et se briser des organes dans l'intérieur du corps. On lui fait ensuite une forte saignée, puis on pratique sur tout le corps de fortes frictions avec des bouchons de paille imbibés de vinaigre bouillant ou d'essence de térébenthine. On peut encore compléter ce traitement par quelques lavements à l'eau tiède.

Le vétérinaire, à son arrivée, achèvera la guérison si les soins précédents ne l'ont pas amenée.

Météorisation. — La météorisation, plus connue sous le nom de *gonflement* et de *ballonnement* est caractérisée par le développement excessif de la panse de l'animal, après avoir mangé. Elle a le plus souvent lieu après un repas consistant en fourrages verts, tendres et sucrés.

Lorsqu'on s'aperçoit à son début du gonflement de l'animal, on lui administre des breuvages d'eau salée : une bonne poignée de sel de cuisine dans un litre d'eau froide suffit pour un breuvage. On le fait prendre vivement, à plein gosier, de manière à ce qu'il arrive directement dans la panse. Si le gonflement ne diminue pas après le premier breuvage, on en administre un deuxième : si ce dernier est inefficace, on a recours à un troisième, et l'on continue jusqu'à ce que l'on voie le gonflement diminuer. Au lieu d'eau salée, on emploie aussi avec succès l'ammoniaque liquide.

Si on n'avait ni eau, ni sel, ni ammoniaque à sa disposition, ou si le gonflement était tel que l'animal fût en danger, on aurait alors recours à la *ponction*, opération qui consiste à percer le cuir et la panse de l'animal. Elle se fait à l'aide d'un instrument particulier appelé *troquart*, ou, à défaut, avec la lame bien pointue d'un couteau ou d'un canif. L'endroit où l'on doit pratiquer le trou se trouve dans le flanc gauche, à peu près à égale distance de l'os de la hanche, des fausses côtes et de l'épine du dos. Une fois fait, le trou est maintenu ouvert en y laissant la douille du troquart, ou en y introduisant un brin de paille, de roseau ou de sureau, qui fait l'office de tube.

Quand le dégonflement est opéré, l'animal doit être soumis au repos et à la diète ; il ne reprendra son régime et son travail habituels que progressivement et avec précaution, afin d'éviter toute complication dangereuse.

55e Leçon. — Maladies du petit bétail.

Le petit bétail comprend le mouton et le porc, dont nous allons étudier les maladies séparément.

Mouton. — Les maladies les plus communes chez le mouton sont la *météorisation* et le *piétin*.

La météorisation du mouton se reconnaît aux mêmes signes et se traite comme celle du bœuf et de la vache (voir précédemment).

Le piétin est une maladie qui fait boiter l'animal plus ou moins fortement. Elle est produite par le décollement de l'ongle et par la présence en cet endroit d'une matière qui ressemble à du fromage, et qui répand une odeur infecte. Lorsqu'on s'aperçoit du piétin, on détache les parties malades avec un couteau à bon tranchant. Quand le mal est ainsi mis à nu, on le touche avec un liquide caustique ou rongeur; l'attouchement sera plus ou moins fort selon la gravité de la maladie.

Il y a encore d'autres maladies qui attaquent le mouton, tels que la *gale*, la *pourriture*, le *tournis*, etc., mais leur traitement est plutôt du ressort du vétérinaire que de celui du cultivateur.

Porc. — Les maladies du porc proviennent presque toujours de l'insalubrité de son logement, d'une mauvaise nourriture, du défaut d'exercice. Les plus communes sont les *maladies des pieds*, les *dartres* et les *poux*; elles se guérissent souvent par les soins de propreté. Pour les dartres et les poux, on lave l'animal, au moyen d'une brosse, avec de l'eau mêlée de cendres tamisées, de soufre et de goudron. Quand il y a des plaies aux pieds, on les panse journellement avec des étoupes fines.

Une maladie aussi très-commune chez le porc est le *rachitisme*, caractérisé par des gonflements aux articulations des membres, une marche difficile et douloureuse. Cette maladie est engendrée par le défaut d'exercice, et par un logement bas et humide.

Pour guérir le rachitisme, on fait prendre à l'animal dans sa boisson une cuillerée d'huile de poisson par jour, puis on frictionne les articulations avec de la pommade camphrée.

56ᵉ Leçon. — Maladies de la volaille.

Les maladies de la volaille ne sont ni connues ni étudiées comme celles des autres animaux, sans doute à cause du peu d'importance de chaque individu en particulier. Nous en dirons cependant quelques mots. Les principales sont : la *pépie*, la *tumeur du croupion*, la *diarrhée*, la *constipation*.

La pépie est caractérisée par une petite peau blanche ou jaunâtre qui se développe au bout de la langue, et qui empêche la volaille de crier comme d'habitude. On enlève la peau avec la pointe d'une épingle, et on frotte la place avec du vinaigre ou du sel fin.

La tumeur du croupion est une espèce d'abcès qui apparaît au croupion, sous la queue. Une fois qu'il est blanc, on l'ouvre avec une épingle, on le presse pour le vider, et on le lave avec du vin ou du vinaigre chaud. Le régime des poules opérées sera rafraîchissant ; il se composera autant que possible de feuilles de laitues hachées et mélangées avec du son ou du seigle.

La diarrhée est presque toujours produite par une nourriture aqueuse ou par des pluies prolongées. Le remède consiste à nourrir la volaille atteinte avec des graines sèches.

La constipation a pour cause une nourriture trop échauffante, trop exclusivement composée de grains. On combat cette maladie en changeant le régime, et en y substituant une nourriture rafraîchissante.

QUATRIÈME PARTIE.

CODE RURAL PRATIQUE.

57ᵉ Leçon. — Lois concernant les Animaux.

Les animaux, meubles de leur nature, deviennent immeubles lorsqu'ils servent à la culture ; ils ne peuvent être saisis ni pour contributions ni pour dettes, si ce n'est au profit de celui qui les a vendus, ou pour acquitter les dettes du fermier envers son propriétaire. En cas de saisie, il seront toujours les derniers des effets mobiliers.

Si l'on fait paître des animaux dans un lieu et dans un temps défendus, non-seulement on est responsable du dommage, mais on doit encore une amende plus ou moins forte selon les circonstances.

Les troupeaux ne peuvent être conduits aux champs que deux jours après l'enlèvement des récoltes. Le parcours est interdit sur les prairies artificielles.

Les animaux morts doivent être enfouis au moins à 1ᵐ 35 c. de profondeur. Si l'animal est mort d'une maladie contagieuse, la fosse aura 2ᵐ 70 c. et sera éloignée de 100 mètres au moins des habitations.

58ᵉ Leçon. — Lois concernant les Bâtiments.

Lorsqu'on fait construire ou rebâtir, on doit adresser une demande au maire de la commune si les constructions donnent sur la voie publique ; alors il donnera ou fera donner un alignement que l'on devra suivre. Si la nouvelle construction avance sur la voie publique, le propriétaire doit payer à la commune la valeur du terrain communal compris dans la nouvelle construction. Si, au contraire, les murs neufs reculent pour élargir la voie publique, la commune doit une indemnité proportionnelle à la valeur du terrain abandonné.

Tout mur servant de séparation entre bâtiments ou propriétés, est mitoyen, à moins qu'il n'y ait preuve du contraire. La réparation et la reconstruction d'un mur mitoyen sont à la charge des deux propriétaires. Tout propriétaire d'un mur mitoyen peut faire bâtir sur ce mur, et placer des poutres ou solives dans toute son épaisseur. L'un des voisins ne peut, sans le consentement de l'autre, pratiquer aucun enfoncement, aucune ouverture dans un mur mitoyen, ni y appuyer aucun ouvrage.

Tout propriétaire doit établir les toits de manière que les eaux pluviales s'écoulent sur son terrain ou sur la voie publique ; il ne peut les faire verser sur le fonds de son voisin.

59ᵉ Leçon. — Lois concernant les Propriétés.

Tout propriétaire peut obliger son voisin au bornage de leurs propriétés contigües. Le bornage se fait à frais communs.

Le propriétaire dont les fonds sont enclavés, et n'ont aucune issue sur la voie publique, peut réclamer un passage sur les fonds de ses voisins, à la charge d'une indemnité proportionnée au dommage qu'il peut occasionner.

Les arbres à haute tige ne peuvent être plantés qu'à 2 mètres de la ligne de séparation des deux propriétés ; les autres arbres et les haies vives peuvent être placés à 0ᵐ 50ᶜ seulement. Le voisin peut exiger que les plantations qui ne sont pas dans les conditions voulues soient arrachées. Les arbres placés sur la ligne de séparation de deux propriétés appartiennent aux deux propriétaires.

Les fruits provenant des branches pendantes sur le terrain d'un voisin appartiennent à ce voisin et au propriétaire de l'arbre ; le premier peut même entrer dans le fonds de l'autre pour cueillir ou ramasser les fruits, pourvu qu'il ne fasse aucun dommage.

60ᵉ Leçon. — Lois diverses.

Tout propriétaire, fermier, locataire, est tenu de détruire les bourses et toiles contenant les œufs et les nids de chenilles, pendant le mois de février de chaque année. Les contrevenants sont punis de 1 à 5 francs d'amende.

Il est défendu d'allumer du feu dans les champs à une distance moindre de 100 mètres des maisons, des meules, des bois, de tout autre amas de matières inflammables. Il est également défendu d'entrer dans les granges ou les écuries avec des chandelles, lampes, etc., à moins qu'elles ne soient renfermées dans des lanternes bien closes.

Lorsqu'un ruisseau ou un fossé longe ou traverse une propriété, le propriétaire ou le locataire est tenu de nettoyer chaque année ce ruisseau ou ce fossé, afin de permettre l'écoulement des eaux. Si le curage n'est pas fait dans les délais voulus, il y sera procédé d'urgence aux frais du propriétaire ou du locataire.

APPENDICE SUR LES ENGRAIS INDUSTRIELS ET NATURELS PROPRES AU DÉPARTEMENT DES ARDENNES. (1)

NOMS DES ENGRAIS.	INDUSTRIES QUI LES FOURNISSENT.	LOCALITÉS OÙ ON LES TROUVE.	PRIX DE REVIENT.	EFFETS SUR LA VÉGÉTATION.	MODE D'EMPLOI.	OBSERVATIONS.
Marcs de colle.	Colleteries.	Givet.	5 fr. le mètre cube.	Bons sur les prairies	Mélangés avec la tannée ou la tourbe, etmeme avec le fumier	Effets de peu de durée.
Ecumes de défécation.	Sucreries.	Charleville, Douzy Acy-Romance, Ecly, St-Germainmont, Vauzelles, Attigny, Chatel Chéhéry.	3 à 5 francs le mètre cube.	Effets énergiques sur les céréales et la betterave.	Après une fermentation ou à l'état sec.	Emploi judicieux sur les terrains froids, argileux, non calcaires.
Résidus des usines à gaz.	Gaz d'éclairage.	Charleville, Sedan, Rethel, Givet, etc.	2 à 4 francs le mètre cube.	Culture des racines	Ordinaire , mais après une exposition de quelques semaines au grand air.	Leur forte odeur détruit ou éloigne les insectes nuisibles et principalement les vers blancs.
Déchets de laine.	Fabrication du drap	Sedan et Rethel.	5 francs les 100 kilog.	Culture maraîchère et céréales.	Même emploi que le fumier.	Terres fortes ; ils favorisent le développement des insectes nuisibles.
Tannée.	Tanneries.	Givet.	Valeur vénale à peu près nulle.	Effets ordinaires.	Après avoir fermenté ; c'est alors un véritable terreau.	
Cendres minérales.	Engrais naturels.	Mézières, Signy-le-Petit, Mouzon, Saint-Aignan , Fresnois , l'oix, Enelle, etc.	Crues, de 1 f. à 1 f. 50 le mètre cube ; calcinées, de 2 à 3 fr.	Effets énergiques sur les prairies et sur les plantes sarclées.	A la volée on mêlées au fumier.	

(1) Extrait des *Recherches sur l'Emploi agricole des résidus de quelques usines*, par E. Nivoix et E. Letrange.

TABLE DES CHAPITRES.

Première partie. Agriculture et Horti-culture pratiques.

Matières traitées.   Pages.

INTRODUCTION 1

   1re *Leçon.* — Quelques Conseils........ 1

CHAP. I. *Les Agents naturels*.............. 3

   2e *Leçon.* — De l'Air.................... 3
   3e   —   De l'Eau.................... 9
   4e   —   De la Chaleur.............. 16
   5e   —   De la Lumière............. 19

CHAP. II. *Des terrains*.................... 22

   6e *Leçon.* — Espèces de terrains et amen-
            dements 22
   7e   —   Améliorations des terrains... 26

CHAP. III. *Des Engrais*.................... 30

   8e *Leçon.* — Engrais produits dans la mai-
            son de culture........... 30
   9e   —   Engrais industriels......... 35
   10e   —   Emploi des engrais........ 37

CHAP. IV. *Du travail de la terre et des Instru-*
           ments 40

   11e *Leçon.* — Labour, Charrue et Bêche.. 41
   12e   —   Hersage, Herse et Râteau... 44
   13e   —   Roulage et Rouleau........ 45
   14e   —   Buttage, Buttoir et Houe... 47
   15e   —   Binage, Houe à cheval et
            Binette 49

168   TABLE DES CHAPITRES.

Matières traitées.   Pages.

16e   —   Façons, Extirpateur et Scarifi-
                 cateur.................   50

CHAP. V. *Des Assolements*.................   51

17e *Leçon*. — Théorie des assolements....   51
18e   —   Les Systèmes de rotation...   54

CHAP. VI. *Des Plantes*.................   58

19e *Leçon*. — Différentes parties des plantes   58
20e   —   Différentes espèces de plantes
                 cultivées................   60

CHAP. VII. *Reproduction des plantes cultivées*.   63

21e *Leçon*. — Modes de reproduction.....   63
22e   —   Renseignements divers.....   72

CHAP. VIII. *Soins pendant la végétation*......   74

23e *Leçon*. — Soins se rapportant à la terre.   75
24e   —   Soins n'exigeant pas le tra-
                 vail de la terre........   76

CHAP. IX. *Maturité et Récolte*..............   83

25e *Leçon*. — Plantes de grand eculture..   84
26e   —   Plantes de culture jardinière.   89
27e   —   Arbres et arbustes fruitiers..   90

CHAP. X. *Conservation des Produits végétaux*.   92

28e *Leçon*. — Plantes de grande culture..   92
29e   —   Plantes de culture jardinière.   96
30e   —   Fruits.................   97

CHAP. XI. *Des Animaux*.................   99

31e *Leçon*. — Espèces d'animaux qui inté-
                 ressent le cultivateur....   100
32e   —   Choix des Animaux........   101
33e   —   Nombre des Animaux......   103
34e   —   Conseils généraux.... :...   104

Matières traitées.   Pages.

CHAP. XII. *Elevage des Animaux*........... 105

   35° *Leçon*. — Allaitement............... 105
   36° —   Sevrage 108

CHAP. XIII. *Travail, Produit et Entretien*... 111

   37° *Leçon*. — Animaux de Travail....... 111
   38° —   Animaux de Produit....... 112
   39° —   Entretien des Animaux..... 115

CHAP. XIV. *Engraissement des Animaux*.... 118

   40° *Leçon*. — Considérations générales... 118
   41° —   Considérations particulières. 121

Deuxième partie. — Arpentage et Constructions rurales.

CHAP. I. *Notions préliminaires*............. 124

   42° *Leçon*. — Considérations générales... 124
   43° —   Définitions 125
   44° —   Instruments d'arpentage.... 127
   45° —   Conseils Pratiques......... 129

CHAP. II. *Opérations sur le terrain*.......... 131

   46° *Leçon*. — Tracé et mesure des lignes.. 131
   47° —   Perpendiculaires et Parallèles 135
   48° —   Mesure des terrains........ 138

CHAP. III. *Constructions Rurales*........... 143

   49° *Leçon*. — Notions générales......... 143
   50° —   Choix d'un emplacement... 144
   51° —   Construction.............. 146

Troisième partie. — Notions d'hygiène.

CHAP. I. *Hygiène des Personnes*............. 148

		Matières traitées.	Pages.
52e	*Leçon.* —	Nourriture, Respiration, Travail, Propreté	148
53e	—	Hygiène des accidents	155

CHAP. II. *Hygiène des Animaux* 158

54e	*Leçon.* —	Maladies du gros bétail	159
55e	—	Maladies du petit bétail	161
56e	—	Maladies de la volaille	162

Quatrième partie.—Code rural pratique.

57e	*Leçon.* —	Lois concernant les Animaux	163
58e	—	Lois concernant les bâtiments	163
59e	—	Lois concernant les propriétés	164
60e	—	Lois diverses	165
	Appendice		166